漫說超導體

孫又予｜著

前　言

　　超導現象是二十世紀初一項偉大的發現。在其後的七十餘年中,一路走來,高潮迭起,各種重要的研究結果,陸續問世。所以在上一世紀因研究超導體相關問題,而獲得諾貝爾物理獎的科學家,總數恐怕超過十人。由此可見在這個領域中創新成果的豐碩。

　　本書是一本寫給想知道甚麼是超導體的讀者看的。內容雖然力求完備,包括了超導體所有重要方面,但敘述則希望能保持淺顯易懂。在這方面我不知道我做到了幾分。

　　讀者也許不必立志去從事超導體的研究,但知道一下超導世界的神奇美妙,應該是一件很有趣的事。

　　在1986年發現了高溫超導體之後,一時間風起雲湧,全世界有眾多物理學家都投入這個領域傾全力做研究。已發表的相關文章,在2000年時有人估算已超過十萬篇了。這大概是有史以來任何一個學門的發展史上都不曾有過的盛況。這種盛況的發生,當然歸功於花得起大錢的企業界支持,他們著眼於未來潛在的商業利益。那時候空氣中好像瀰漫著一種熱切的期望:高溫超導時代的到來,可能會造成另一次工業革命。

到今天已過去了二十多年，有關高溫超導體某些基本問題的瞭解仍然不是很清楚，但在應用方面已做出不少成績，規模或許沒有當初所想望的那般壯麗。然而，超導體在某些方面的應用是無可取代的，像產生強磁場和精密物理量的測定之類。但在電力方面的應用，包括馬達、發電機和傳輸系統等，在可見的未來大概還難能和現用的設施競爭。

　　在目前，有關中文超導體的讀物好像不多。作者退休無事，偶然興起，趁超導體發現100週年之際，撰寫成這本小書。由於大部分內容多憑記憶撰寫，像說話一般，同時偶而也會講幾句「題外的閒話」，故名為「漫說」。有些地方也許有疏漏和舛誤，敬請讀者指正。

　　華人中從事超導體（特別是高溫超導體）研究的專家學者很多，希望這本書的不足之處，能夠「拋磚引玉」，引起他們撰寫此類讀物的興趣，把這門有趣又實用的學科，介紹給一般讀者。

　　本書因為常用到簡單量子力學的概念，附錄A就介紹了此學的初步。附錄B是各篇中的註解，原在各篇之末，因為感覺累贅，故集中放在附錄B。另外，所有插圖都是我自己繪製的示意圖，用來輔助文字的說明。

　　關於閱讀本書所需具有的水平，可能因人而異。作者估量具有大專程度的數理知識，應該很夠了。倘能對固態物理有些初步認識，那就更為方便。

本書寫成時，為潦草手稿，由詹素怡小姐打字，並由孫航永校閱一過，我在此要特別謝謝他們。

孫又予　2012年11月

e－mail : yul.sun@msa.hinet.net

目次

CONTENTS

第一篇
超導體的發現

本篇要概略地說明氣體的液化和超導體被發現的經過。

① 氣體的液化

　　在十九世紀，科學家研究如何使各種氣體液化是一個熱門的題目。我們知道，在一定容器內的氣體，必須一面加壓力，一面降低溫度，最後在溫度到達某一臨界值時，才可以使其液化。溫度不降至臨界值以下，將氣體施加甚大的壓力，也達不到液化的目的。

　　因為在早期降低溫度不容易，溫度降得愈低，技術愈困難，所以歷史上幾種原素氣體被液化的順序依次是氧、氮、氫、氦，完全照臨界溫度自高至低排列。氧和氮在1883年被液化，又過了十五年，氫才得液化成功。到二十世紀初，也就是大約一百多年前的今天，沒有被液化的氣體，只剩下最頑強的氦氣一種了。

　　首先將氦氣液化成功的是荷蘭實驗物理學家卡默林·翁尼斯（H. Kamerlingh·Onnes），時為西元1908年。翁氏成功的關鍵，當然是他克服了降低溫度技術的困難。

把地球上最後一種氣體液化,在當時歐洲學術界是一件盛事。有文獻記載,1908年七月十日那天,翁氏把各國的科學家都請到荷蘭萊登(Leiden)大學他的實驗室來,打算向他們展示他的成果。

照理說,他在請客人來之前,應該已先做過氦氣液化的實驗。可是在來賓冠蓋雲集的這一天,卻非常不順利。他和他的助手們從清晨忙到晚上,最後總算弄出數十毫升(cm³)液態氦來,沒有讓客人白跑一趟[註1]。經過一天漫長的折騰,把這位在當時已不算年輕的科學家(翁尼斯生於1853年,1908年他五十五歲)累倒了,據說後來他休息了好幾個月,才重新開始工作。

在大氣壓力下,所有氣體於液化後,若繼續降溫,都會凝結成固體。只有氦,一直到絕對零度,都保持液態。

② 溫度

討論超導體,有兩個重要的物理量,一是溫度,一是磁場。在這裡,我們先對溫度略作說明。

人們日常生活所用的溫度計數單位是攝氏度和華氏度,分別以符號°C和°F表示,且0°C=32°F,100°C=212°F。這是大家所熟知的,不用細說。

但討論物理問題,溫度常用凱氏(Kelvin)度,早年以°K目前以K表示。凱氏和攝氏的刻度其實相同,祇是0K=−273°C。例如上節提到的氧的臨界溫度是−183°C,即90K;氮的臨界溫度是−196°C,即77K;氫的臨界溫度是−253°C,即20K(皆為約值)。

以凱氏度計數的溫度,又稱絕對溫度。絕對溫度源於氣體定律,即在一定壓力下,氣體的體積與絕對溫度成正比(查理

定律）。

　　為什麼把絕對零度選在－273℃呢？這是依照查理定律，拿氣體做實驗獲致的結果。從氣體實驗得到數據，然後用外插法（extrapolation）求得0K＝－273℃，並且經由國際認定（較為精確數字應為0K＝－273.15℃）。

　　絕對溫度使用非常方便。例如氣體分子、原子之類的質點，它的動能就和絕對溫度成正比。在低溫下，此類質點迹近靜止不動；溫度升高，它們又重新獲得動能。

　　本書中所有物理量的單位，以公制（SI）為主，偶用其他單位，必有標示，應該沒有混淆之虞。

③ 超導體的發現

　　氦氣液化成功以後，翁尼斯找到新的研究方向。他認為以前對許多金屬在較高溫度下做過的實驗，拿到低溫下重做，可能會得到不同的新結果。這一觀點，在超導體發現後，恰好證明他的遠見。

　　在1911年，也就是氦氣液化成功後的第三年，翁氏測量水銀在低溫下的電阻，他發現一個奇異的現象：當溫度降到4K附近時，水銀的電阻會突然消失，參看圖A。於是他斷定水銀在這個溫度下，進入一種新狀態，並將此狀態命名為超導狀態（state of superconductivity）。在超導狀態下的水銀叫做超導體（superconductor）。而使水銀從常態金屬變為超導體的溫度叫做臨界（critical）溫度，常以T_c表示。

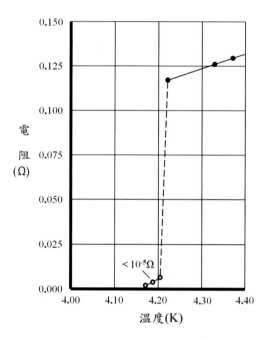

圖A　當水銀的溫度降到T_c(4.2K)時,電阻好像會突然消失,T_c就叫做臨界
　　　溫度。

　　在這裡,我們知道:超導體不是一種新物質,而是物質在低溫下的一種新狀態。當溫度升高到超過T_c時,它又從超導體變為常態金屬。

　　翁氏這一「水銀在低溫下電阻會突然消失」的發現,開啟了低溫物理研究的新世紀,他因此獲頒1913年諾貝爾物理獎。百年來,世界上發表的無數有關超導體的研究論文或書籍,開頭幾乎都會提到翁尼斯在1911年發現超導體這件事,盛名歷久不衰。

④ 證明超導體沒有電阻。

　　一百年前翁尼斯是用什麼方法判定超導體沒有電阻？當然不是用電阻計測量的。因為即使在今日，用最精確的電阻計，能測得的電阻值，也有一定限度。電阻數值太低時，電阻計根本量不出來，很容易被誤判為沒有電阻。尤其在低溫下的金屬，其殘餘（residual）電阻本來就不高，用電表測量，明顯容易致誤。關於殘餘電阻的意義，參看圖B和圖下的說明。

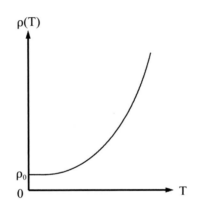

圖B　圖中的曲線表示電阻率ρ對溫度T的變化。殘餘電阻率ρ_0是因為材質不純或材料的內部有缺陷所引起。即使溫度$T=0$，ρ_0仍有一定的數值。當年翁尼斯就是探討純汞的ρ_0能小到什麼地步，發現了超導體。

　　為解決這個問題，翁尼斯檢視電阻有無的方法是：觀察切斷供電電源後，殘留在超導體線圈中的電流，是否會隨時間快速衰減？他用的電路示於圖C。

　　首先將S_1關閉，但不關S_2：這時候流過S_1、C和R的穩態電流為$I = \dfrac{V}{R+r}$。此電流經過線圈C時產生磁場，磁場會牽動旁邊的磁針，磁針轉動到一定的位置。

其次關閉S_2，於是電流I被局限在下方，經過S_2與C循環。翁尼斯觀察旁邊的磁針，歷久不會變動，這顯示電阻r＝0，也就是電流I不會衰減。因而他才命名這種低溫狀態下的導體名為超導體。

事實上，經過S_2和C循環的電流可以用數學方法算出為$i＝Ie^{-\alpha rt}$。e是自然對數的底，約等於2.718，α是和線圈有關的常數，t為時間。若r＝0，i＝I且歷久不變；反之，若r≠0，電流i會逐漸衰減，並且在很短時間內消失。

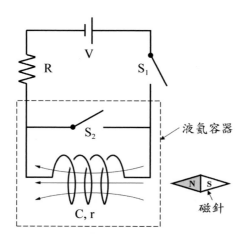

圖C　本圖中的V是電壓電源，R是電阻，S_1和S_2是開關，C是超導體線圈，r為線圈的假設電阻。

⑤ 純金屬超導體

翁尼斯採用水銀做實驗，是因為在當時水銀比較容易淨化，含雜質最少，翁氏當然會想到材質愈純愈可靠。不過，後來的事實證明，這一點並不太重要。

在超導體發現之後將近二十年裡，研究工作只在翁尼斯的實驗室中進行，因為別處都還沒有液化氦氣的技術。除了水銀

之外,翁尼斯又發現鉛、錫等金屬也都可以變為超導體,甚至某些含水銀的合金亦然。

可是化學原素週期表中的金屬,並非全部都能成為超導體。像一價的鋰、鈉、鉀等,不能;二價原素鎂、鈣、鍶,不能;常溫下最佳的導體金、銀、銅等也不能。倒是一般人比較沒有甚麼導電印象的某些原素,反而是出色的純金屬超導體。總共大約有二十七、八種,其中將近半數所具有的臨界溫度都太低了。像金屬鎢也會成為超導體,但它的T_c值只有0.01K。表a是臨界溫度在1K以上的主要純金屬超導體。

表a　$T_c > 1K$的純金屬超導體和它們的臨界溫度(T_c)與臨界磁通密度(B_0)。

原素符號	$T_c(K)$	$B_0(G)$
Al	1.18	105
Ga	1.09	51
Hg	4.15	412
In	3.40	293
La	6.06	1100
Nb	9.25	1980
Pb	7.19	803
Re	1.40	198
Sn	3.72	309
Ta	4.48	830
Tc	7.77	1410
Th	1.37	162
Tl	2.39	171
V	5.38	1420

至於合金(alloys)或複合物(compounds)的超導體,不僅為數眾多,而且有的在應用上還扮演主要角色。在後面第七篇中我們還有機會談到。

此外,有些原素,如As、Ba、Bi、Cs、Ge、P、Sb、Se、Si、Te、Y等等,在大氣壓力下本來都不是超導體,但若將壓

力適當提高，則都會呈現超導作用。另有幾種結構複雜的有機物，在特殊條件下，也有超導現象發生。不過所有這些超導體的臨界溫度值都不高，純金屬沒有一種的T_c值超過10K（見表a），複合物也只有少數的T_c值落在20K附近。溫度最高的是在上個世紀九〇年代發現的所謂高溫超導體，其臨界溫度會超過100K（詳見第八篇）。

第二篇
磁場的效應

磁效應是探討超導體的一個重要面向。在這一篇中，我們要介紹磁場、磁通和磁通密度等基本概念，並簡單地說明理想導體對外加磁場的反應、梅斯納效應、臨界磁場對溫度的變化、磁化作用和去磁的意義等要點。

① 有關磁的概念

當電荷移動時，就形成電流，鄰近電流的空間中必出現磁場（magnetic field）。圖A(a) (b) (c)表示三種不同形式的空間電流產生磁場的分佈情形。

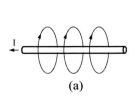 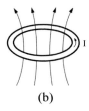 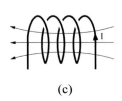

(a)   (b)   (c)

圖A　(a)直線電流的磁場分佈；(b)環路電流的磁場分佈；(c)螺線管電流的磁場分佈。I表示直流電流。

和所有的物理量相同，對於磁的量度，必須先有具體的單位界定。例如穿過一個特定表面的磁量多寡，常稱之為磁通，

或磁通量（magnetic flux），一般用符號Φ表示，磁通的單位是韋伯（Wb）。而從單位面積上垂直穿過的磁通量就是磁通密度（flux density），或稱磁感應強度（magnetic induction），多用B表示，其單位為特斯拉（T）。韋伯和特斯拉都是十九世紀歐、美物理學家的姓氏。$1Wb/m^2 = 1T$。

圖A(a)所示是圓柱狀的載流導線，線外空間中某點的磁場強度（magnetic field intensity）和導線上的總電流成正比，同時和該點與導線中心軸的距離成反比。所以磁場強度（簡稱磁場）的單位是安培/米（A/m），用符號H表示。

將超導體放置在強度較低的直流磁場中，超導作用會繼續存在。但將磁場強度逐漸增加到某一定值，超導現象會突然消失。這個定值就叫做臨界磁場，臨界磁場用H_c表示。

因為磁場H和電流成正比，而電流取決於電流密度（也就是垂直通過導體單位橫截面上的電流），所以電流密度越大，磁場越強。對超導體來說，當磁場增加到臨界值H_c時的電流密度，便是臨界電流密度，常用J_c表示。一般金屬超導體的電流密度很小，所以臨界磁場強度或臨界磁通密度的數值都不高，參看第一篇中表a，此表中臨界磁通密度的單位為G，即高斯（Gauss）。而$1G = 10^{-4}T$。

上述B和H都是向量，在許多超導體問題中，二者的方向相同，且$B = \mu_0 H$。μ_0為真空中的磁導率（permeability），其值為$4\pi \times 10^{-7}$，這個數字和空氣甚至某些金屬內部的數值都差不多。而μ_0的單位可由B與H的單位推定為韋伯/（安培・米）（Wb/A・m）。

溫度T在絕對零度與T_c之間，即$0 < T < T_c$時，臨界磁場強度H_c是溫度T的函數，所以H_c也可寫做$H_c(T)$。在絕對零度下的臨界磁場（強度）則以$H_0 (= H_c(0))$表示，對應的磁通密度以$B_0 (= \mu_0 H_0)$表示。

以上關於單位和符號的說明，不免瑣碎，但因磁場和超導體的關係密切，不得不先做簡要介紹。其他相關內容，以後遇到需要時，當再作補充。

② 理想導體對磁場的反應

當穿過金屬環的磁通量有變化時，環上即有感應電流產生。而感應電流所生磁場的指向，必定在抗拒外加磁場的變化。這種現象叫做愣茲（Lenz）定律。

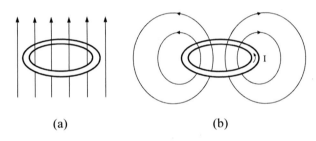

(a)   (b)

圖B   (a)超導體環中有外加磁通穿過。(b)外加磁通除去後，環中有感應電流I，感應電流在環中產生的磁通和原來的外加磁通相當。

圖B(a)表示外加磁場穿過超導體環。若將供應外加磁場的電源切斷，則外加磁場立即消失。依照愣茲定律，環上的感應電流在環內產生的磁通必和原來的磁通方向相同，以抗拒原來環中磁通的消失，如圖B(b)所示。這種感應電流如發生在常態金屬環中，很少會超過一秒鐘，即因衰減而趨近於零。但超導體不同，超導體中沒有電阻，所以環上的感應電流不會衰減，而環中的磁通也能夠久久存在。

當年翁尼斯攜帶著超導體電流環，從荷蘭萊登大學到英國劍橋大學講演，環中的電流不見衰減，在當時曾是一件頗被傳

頌的事。1960年代有人做實驗，發現環路中的電流歷數年也不見變化。因此超導體真可視為一種沒有電阻的理想導體（perfect conductor）。

現在假設有一個理想導體圓球，被突然外加的直流磁場包圍。那麼球面上將立即會有感應電流出現，這感應電流產生的磁場當然要抵制外加磁場進入球內，參看圖C(a)。此種感應電流稱為屏蔽（screening）電流，屏蔽外面的磁通進入球內。因為球是理想導體，沒有電阻，進入球內的磁通會在球體內因感應產生電動勢，這是絕不允許發生的事。所以分佈在球體表面的屏蔽電流會產生磁場，這磁場把外加的磁場全部阻擋在球外，使球內沒有磁通量的變化。此現象名為完全抗磁（perfect diamagnetism），是超導體的重要特性之一。

球外的磁場由外加磁場和屏蔽電流的磁場兩者合成，結果如圖C(b)所示。

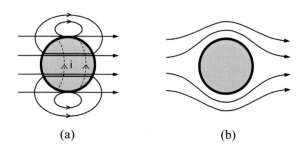

(a)   (b)

圖C　(a)外加磁場和感應電流i（虛線箭頭表示）所生的磁場二者在球內部相互抵銷，在球外合成的結果如圖(b)所示。

③ 梅斯納效應

在超導體發現之後二十多年中，人們都認為超導體就是理想導體。但是理想導體對於施加磁場和降低溫度兩件事的順序反應不同。像在圖C(a)，就是先將導體冷卻然後施加磁場，得到圖

C(b)所示的結果。倘使先加磁場再降溫，結果會完全不一樣。

　　圖D(a)表示在溫度T＞T_c時，將理想導體球置入磁場中，磁場從球中穿過的情形。若此時開始降溫到T＜T_c，球中的磁通似乎沒有理由變化，仍應如圖D(a)所示。現在將外加磁場移開。當移開的瞬間，理想導體球上必因感應產生電流，這電流所生的磁場要維持球內的磁通不變，如圖D(b)所示。

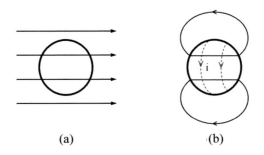

(a)　　　　　　　　　(b)

圖D　(a)在T＞T_c時，將理想導體球放入磁場中，磁通會從球中穿過。降溫到T＜T_c，球內部的磁通不會有所改變。(b)把外加磁場移開，理想導體上必有感應電流出現，才能維持球內的磁通不變。

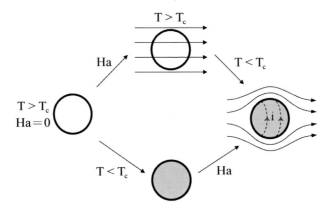

圖E　此圖表示對於球狀超導體，先加磁場H_a然後降低溫度到T＜T_c（上方路線）的效應，和先降低溫度到T＜T_c（下方路線）然後施加磁場H_a的效應完全相同。

1933年，梅斯納（W. Meissner）和奧克森費爾德（R. Ochsenfeld）發表一篇半頁長的短文。他們依照用鉛和錫兩種超導體做實驗得到的證據，指出超導體不同於理想導體。對超導體而言，先加磁場再把溫度降到T_c以下和先把溫度降到T_c以下再加磁場，都得到如圖E所示的完全抗磁結果。這叫做梅斯納效應（Meissner effect，此名稱對奧克森費爾德顯然很不公道）。利用這效應可以展示磁浮（maglev）現象。參看圖F及圖下的說明。

圖F　一球狀永久磁鐵，可以懸浮在一盌狀超導體正上方。因盌內呈曲面，永久磁鐵的磁場使盌產生完全抗磁的磁場，且對稱於盌之中心軸，故不僅能支持球體懸浮於空中，且非常穩定。此圖為通過盌的中心軸之剖面。

　　像圖D(b)所示，由理想導體推得的結論，根本不曾發生。所以超導體至少有兩大特徵：一是沒有電阻，二是完全抗磁。能滿足這兩個條件的材料，才是超導體。至於理想導體，那只是一個想像中的名詞，實際上並不存在。若真為理想導體，感應電流便沒有上限。

④ 臨界磁場對溫度的變化

　　對於任何純金屬超導體，當溫度T在臨界值T_c以下時，其臨界磁場強度都可用拋物線公式$H_c(T) = H_0 \left[1 - (\frac{T}{T_c})^2 \right]$來確定其值。雖然不是很準確，但也沒有太大的差失。$H_c(T)$對T的變化如圖G所示，這就是臨界曲線。曲線上的每一點$(T，H_c)$都表示臨界值。兩個端點$(0，H_0)$和$(T_c，0)$分別代表材質在絕對零度下

的臨界磁場和沒有磁場時的臨界溫度。利用這兩個參數，可以確認每種超導體的「身分」。因為沒有任何兩種不同的超導體，會有相同的T_c和H_0值（參看第一篇表a），當然也不會有相同的臨界曲線。

　　所有純金屬超導體的臨界曲線全被鈮（niobium）的臨界曲線「罩住」，因為鈮的T_c值和H_0值在所有金屬中都是最大的（第一篇表a）。圖H為鋁、錫、鉛三種金屬的臨界曲線。

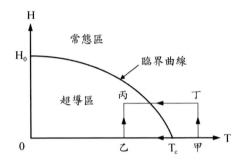

圖G　超導體的物相圖。圖中臨界曲線$H_c(T) \sim H_0[1-(\frac{T}{T_c})^2]$。另外，由甲點到乙點表示降低溫度，由乙點到丙點表示增高磁場；由甲點到丁點表示先增高磁場，由丁點到丙點表示降低溫度。

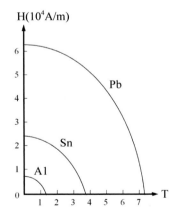

圖H　此圖表示Al、Sn和Pb三種金屬的臨界曲線，分別由它們的T_c和H_0值和決定。

圖G也是超導體的物相圖（phase diagram）。圖中曲線和H與T二軸所包圍的區域就是超導相區。此區內任何一點所對應的溫度T和磁場強度H都表示物體在超導狀態；曲線以上任何一點(T，H)都表示金屬在常態。

根據梅斯納效應，先降溫再加磁場和先加磁場然後降溫會得到相同的結果。從物相圖觀察這一點就很清楚：圖G中路線甲乙丙表示先降溫再增加磁場；路線甲丁丙即表示先增加磁場再降低溫度。走過這兩條路線所生的效果，完全相同，因為都終止於丙點。

關於超導體物相的意義，在下一篇中再作解釋。

⑤ 磁化作用

當電流繞環路流動時，就構成磁矩（magnetic moment）。磁矩的定義是環路的面積和電流的乘積，參看圖I。磁矩就相當於一個小磁體，圖中的箭頭指向N極，另一端為S極。

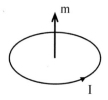

圖I　依照定義，磁矩m＝IA。I是環路上的電流，A是環路所圍成的面積。m的方向如箭頭所示。

在一般金屬材料中，繞著原子核運行的電子，極有可能使原子呈現出微小的磁矩，或者說這類原子具有磁性（如錳原子便是一例）。但這些磁矩的方向混亂，相互抵銷，所以整體的外在磁性顯現不出來。一旦出現外加直流磁場，這些微小

磁矩的方向，便和外加磁場的方向趨於一致，而有順磁作用（paramagnetism）。也就是說，物質內部的磁場強度會增加。

另一方面，運行在某些原子周遭的電子，當沒有外加磁場的時候，並不產生微小的磁矩。但當外加磁場出現時，電子的作用就會產生磁矩。不過這些磁矩的方向和外加磁場的方向相反，在物體內部削弱了外加磁場，而呈抗磁作用。

不論順磁或抗磁，只要外加磁場使物體內部的磁場發生變化，都可以叫做磁化（magnetization）。磁化量度的是單位體積內的磁矩或稱磁化強度，所以磁化的單位是磁矩除以體積，簡化之後，變成安培/米（A/m），和磁場強度的單位相同。磁化強度是向量，可用符號M表示。

對於被磁化的物體，其內部的磁通密度$B=\mu_0(H_a+M)$若物體為順磁，B之值會比沒有磁化時增加；若為抗磁，B會比沒有磁化時減少。而在超導體$B=0$，或完全抗磁，即$M=-H_a$。

磁化M是由外加磁場H_a所引起，在簡單情況下，常可寫成$M=\chi_m H_a$，χ_m叫做磁化率（magnetic susceptibility）。對於一般不會變成超導體的金屬，χ_m值很小，像銅，其χ_m值大約只有十萬分之一，即約為10^{-5}，可謂微不足道。而對於超導體，因為完全抗磁，$M=-H_a$，或者說磁化率$\chi_m=-1$。磁化率為-1是所有金屬超導體的共同特徵。

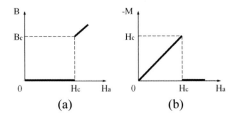

(a)　　　　　　　　　(b)

圖J　(a)超導體內的磁通密度B對外加磁場H_a的變化。當$H_a<H_c$時，$B=0$；當$H_a>H_c$時，$B=\mu_0 H_a$。(b)超導體內的磁化強度值$-M$對H_a的變化。當$H_a<H_c$時，$-M=H_a$；當$H_a>H_c$時，$-M=0$。

圖J(a)和(b)分別表示超導體之磁通密度B和磁化強度值－M二者對外加磁場H_a的變化。

⑥ 去磁效應

將一般物體置於強度為H_a的外加磁場中，則磁場進入物體以內的部分，和物體的幾何形狀有關。設進入的磁場強度為H_i，那$H_i = H_a - nM$。M是上節說到的磁化，n就是去磁因數（demagnetizing factor）。對於圓球狀、圓柱狀、平板狀等不同形狀的物體，n的數值都不相同，但都不會超過1。

比較具有代表性的物體是橢圓體，例如在正座標對稱於x、y、z三軸的橢圓體有a、b、c三個不同的對稱軸。圖K是形狀比較簡單的一種：$a \neq b = c$。這種形狀的物體，對於圖中施加的磁場，可求得去磁因數n為橢圓之離心率e的函數[註1]。由此可知：圓球的去磁因數是$\frac{1}{3}$；圓柱和H_a平行的去磁因數是0，和H_a垂直的去磁因數則為$\frac{1}{2}$；磁場和薄板表面垂直時去磁因數是1，平行時去磁因數也是0。

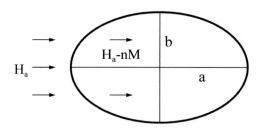

圖K　橢圓體的去磁因數n為橢圓離心率（eccentricity）e的函數，即n(e)。當a→b時，e→0，而n(e)→$\frac{1}{3}$；當a≫b時，e→1，而n(e)→0。

既然進入物體內部的磁場強度$H_i = H_a - nM$。，對於超導體因為內部的磁通密度$B = 0$，所以必有$H_i + M = 0$，即$H_a - nM + M = 0$，即$H_i = \dfrac{H_a}{1-n}$。

由於去磁因數$n < 1$，所以進入球狀超導體的磁場$\dfrac{H_a}{1-n}$到達臨界值H_c時，外加磁場才只有$H_a = (1-n)H_c$，還不到H_c。這就是說外加磁場H_a到達臨界值之前，球體中的磁場已提早到達臨界值H_c，此為去磁效應造成的結果。參看圖L和圖下的說明。

超導體容許這種情況發生嗎？答案是肯定的。當$H_a = (1-n)H_c$的時候，超導體內開始出現很不規則的常態區和超導區交叉共存的局面。這種狀態，名為居間態（intermediate state）。從能量考慮，可知這是最穩定的一種狀態。在外加磁場H_a超過$(1-n)H_c$之後到達H_c之前，常態區必定會逐漸擴大，而超導區則相對逐漸縮小。當H_a增加到H_c時，超導區會全部消失，變成常態金屬。

因為常態金屬和超導體共存時有界面，界面處常有界面能（interface energy），界面能可為正或負。這是一個有趣的問題，對第Ⅱ類超導體特為重要。

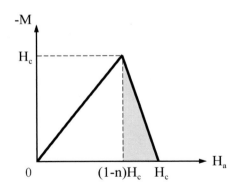

圖L　在$H_a < (1-n)H_c$時，完全抗磁，是純正的超導體；當$(1-n)H_c < H_a < H_c$時，是居間態：常態區和超導區交叉並存；$H_a > H_c$之後，便是常態金屬。

第三篇
熱力學方法

本篇先對熱力學的要點做一些說明。然後討論超導體的凝結能和比熱等問題。最後要說明超導體不傳熱,但利用相變過程,可以降低溫度,是一種「發冷」的方法。

① 物相的變化

一種物質可能有數種不同的形態,這種形態叫做物相(phase)。以水為例,就有固態(冰)、液態和氣態(蒸汽)三種物相。兩種物相(例如水和蒸汽)可以同時共存,當二者之間的相互轉換率相等時,就是平衡(equilibrium)。決定平衡的條件有溫度、壓力等等,視物質系統的不同而異。研究這一類物相變化的科學屬於熱力學(thermodynamics)範疇。

我們在前篇中已說過超導體在常態(溫度T＞T_c)和超導狀態(T＜T_c)也是兩種不同的物相。在常態時,導電的電子行為有一定的模式;一旦進入超導狀態,又是另外一種模式。兩種模式之間相互變換,稱為相變(phase transition)。

超導體的兩種物相,雖不能像冰和水那般容易看到、觸到,但許多相關問題,一樣可用熱力學的方法來探討。事實上,在超導體被發現之後,沒有多少年,熱力學方法即成為研

究超導體的主要方法，許多人成功地用此法做出多項重要的貢獻。在本篇中，我們將簡單地說明關於熱力學的概念，然後再據以解釋超導體問題。

② 系統和內能

用熱力學方法討論問題，常以系統（system）為標的。這種系統可能是裝盛於容器內的氣體分子，也可能是構成一塊晶體的原子或晶體內導電的自由電子。種類不一而足。不過無論是哪一種系統，它必定有個界限（boundary），系統在界限之內，界限之外全稱為周遭（surroundings）。如果系統和周遭之間只有能或功的交換，就稱為閉封（closed）系統。假使功、能之外，也包含物質的交換，這種系統就稱為開放（open）系統。

如果我們對一個孤立的系統做了功，另外又加了熱，可是這系統對外界卻沒有任何表現。因為功和熱都可以視為能，所以系統內部的能量必然增加。這種能量稱為系統的內能（internal energy）。

假設對系統單位體積做的功用W表示，加的熱用Q表示，那麼系統單位體積增加的內能U＝W＋Q。這個關係稱為熱力學的第一定律。此定律所描述的是從實驗的觀點得到的結果。由於外加的功和熱皆以能的形式儲存在系統內部，既沒有增加，也沒有減少。故熱力學第一定律在本質上即是能量不滅定律。

倘若加入系統的熱量為Q，系統對外做的功是W，那麼系統的內能就變為U＝Q－W，這也是一種能量守恆的關係，可視為第一定律的另一種敘述方式。

另外，像溫度、壓力、體積和下面要介紹的熵以及自由能等，都是描述系統性質的所謂狀態函數（state function）。狀態

函數只問系統的狀態，不問此狀態經由何種過程得來。而功與熱就不是狀態函數，因此二者講究變化經過的路程。。

③ 系統的可逆和不可逆過程

熱力學中常要考量系統的變化過程（process），如等溫過程、定壓過程、絕熱過程之類。因為性質的不同，變化過程分為可逆的（reversible）和不可逆的（irreversible）兩類。

所謂可逆變化，是指系統能恢復原狀的意思。像理想氣體的壓力和體積的變化就是一個例子：當溫度不變時，氣體的體積和壓力成反比（波義爾定律）。增加壓力，體積收縮，減少壓力，體積膨脹，能進能退，所以說變化是可逆的。又如某些金屬，降低溫度會變成超導體，升高溫度又恢復為常態金屬，物相變化也是可逆的。還有，對低溫下的超導體，施加直流磁場H，當H超過臨界值H_c時，超導體變成常態金屬，移開磁場，常態金屬又恢復為超導體，變化同樣是可逆的。

熱力學中說的系統之可逆過程和不可逆過程，都有明確定義。可逆過程的界說是：任何一個系統變數（如壓力、溫度之類）以極小量的增加或減少來進行系統的正向或逆向變化過程，沒有能量的消耗，並且不受時間限制（1萬年也OK！），所以說，可逆過程是在系統的平衡狀態進行。由此可見，可逆過程是一種理想化的過程，現實是不容易實現的。

至於不可逆過程，應該這樣說：當系統變化進行的方向反轉時，不能同時把系統和它的周遭都恢復原狀的過程，叫做不可逆過程。這種過程在進行中常有能量耗失，而且沒有速率限制。

在現實世界中，我們放眼看去，不可逆過程可以說是無處不在。像冷熱兩種不同溫度的液體相混合，就是一種不可逆過

程；熱從高溫物體傳至低溫物體，也是不可逆過程。因為絕對沒有從低溫物體自動傳熱至高溫物體的道理，正如一塊石頭不會從山下不借助外力自己跑到山上去一樣。如果真有這種事，那天下就大亂了。

區分物質系統的變化過程為可逆和不可逆非常重要，因為對可逆過程能用現成的熱力學方法做解析計算，對不可逆過程就沒有辦法用相同方法做精確處理。

在梅斯納效應被發現之前，人們曾以為超導體只是沒有電阻的理想導體，這種導體對直流磁場就會呈現不可逆現象。因為在溫度T大於臨界值T_c時，若對導體施加直流磁場，那麼磁通必從導體內部穿過。之後，降低溫度到T_c以下，甚至把磁場移開，穿過導體的磁通都不會改變（參看第二篇圖D）。由此可見，理想導體對磁場作用的變化是不可逆的。

很巧妙，由於超導體對於磁場和溫度的變化過程都是可逆的，所以早年用熱力學的觀念研究超導體，會得到很重要的結果。

④ 什麼是熵

用熱力學方法討論問題不能不談到熵（entropy）。熵是一個比較不常見的字，簡單地說它的意義就是表示一個系統內質點的散亂度（disorder）。散亂度愈高，熵值愈大。例如某種物質有固態、液態和氣態三種物相，它們的熵值一定是氣態最大，液態居中，固態最小。常態金屬內的自由電子散亂度高，熵值大；超導體內的電子有規律性（以後解釋），熵值小。

如說熵表示質點的散亂度，這只是一種意象的描述。在熱力學中，有一種成對的所謂共軛變數（conjugate variables），二者的乘積常為系統的能量或內能。像機械系統的力F和位移x

就是一對共軛變數，兩者在同方向相乘就是機械能。又如容器中氣體的壓力p和體積V也是一對共軛變數，它們的乘積便成為系統之能。同理，系統的溫度T和熵S則是另一對共軛變數，二者相乘也表示系統的一部份內能。實際上，所有熱力學中的位能都可以用共軛對的變數表示出來。由此可知量化的熵，是以焦耳/凱氏度(J/K)為單位，常用符號S表示。它和熱量與溫度之間的關係，可從物相變化的實例去了解。例如由超導變成常態金屬的「潛熱」，就可寫成$Q = T(S_n - S_s)$，式中S_n和S_s分別表示常態金屬和超導體的熵。同樣的道理，像上節舉的理想氣體等溫（T固定）變化過程，若氣體被壓縮之前的熵為S_i，壓縮之後的熵為S_f，那麼對應的熱量變化為$Q = T(S_i - S_f)$。對系統做功，增加系統的熱量，意即Q為正，所以$S_f < S_i$；若系統不是壓縮，而是膨脹，膨脹就是對外做功，系統損失熱量，Q為負，故$S_f > S_i$。

　　前面曾說到熱力學第一定律，那算是能量性質的一種表現。至於熱力學第二定律，述說的方式有許多種，歸納起來，說的都不過是熵之性質的一種表現：對於可逆過程，總體的熵有定值，不增也不減；對於不可逆過程，總體的熵篤定會增加。所以說第二定律為熵之性質的一種表現。上節中曾把熱量從高溫物體傳到低溫物體當作不可逆過程的一個例子。如果高溫物體的溫度為T_h，低溫物體的溫度為$T_l (< T_h)$，傳送的熱量為Q，那麼高溫物體減少的熵為$\frac{Q}{T_h}$，低溫物體增加的熵為$\frac{Q}{T_l}$，所以總體熵的變化是增加，即$\frac{Q}{T_l} - \frac{Q}{T_h} > 0$，正符合第二定律。對於循環的系統，在一循環中，如果熵的總變化為0，這種循環就視為符合可逆過程。在一般講熱機的書上遇見的加諾循環（Carnot cycle），便是熵之變化為0的一種理想循環。

⑤ 系統的自由能

　　用熱力學方法探討超導體問題，常須用到一種能量關係式，名叫自由能（free energy）。自由能有兩種形式，一是赫姆霍茲（Helmholtz）自由能：此自由能可從熱力學第一定律導出，結果是內能U減去由溫度T和熵S兩個共軛變數產生的部分，即

$$F = U - TS$$

二是吉勃斯（Gibbs）自由能：這種自由能也可從系統的內能導出，結果為

$$G = U - TS + pV$$

式中的p代表壓力，V代表體積。赫姆霍茲自由能是系統在等溫、等容（體積不變）的條件下適用的能量算式；而吉勃斯自由能則是在等溫、等壓（壓力固定）的條件下適用的能量算式。如F採用微分式表示，就會發現F在溫度T和體積V為常數時，亦為常數；同樣地，在溫度T和壓力p為常數時，G也是常數。我們在這裡不能細說自由能「導出」的過程，它們確是描述系統很有用的狀態函數。

　　當初這些自由能用於解決一般熱力學問題，不含磁場。如果要討論的系統包括磁化作用，像超導體，那麼自由能中就必須加上磁化能一項。單位體積內的磁化能是外加磁通密度$\mu_0 H_a$和磁化M之積，由於H_a和M的方向相反，所以磁化能是$-\mu_0 H_a M$。故在有磁化出現之超導體的吉勃斯自由能算式為

$$G = U - TS + pV - \mu_0 H_a M$$

因超導體是固體，所以p和V都可以看做不變的常數。另外，常態金屬的吉勃斯自由能並不須考慮磁化作用，參看第二篇的圖J(b)，該圖顯示當$H_a > H_c$時，M～0。

為什麼叫做自由能呢？因為系統在理想狀況下的可逆過程裡，F或G減少的量常為系統對外所做的功。就是因為這個緣故吧？才有自由能的名稱。這個名稱據說是赫姆霍茲最先採用的。

當超導體到達平衡狀態時，自由能之值為最小。舉個例子：令某金屬超導體每單位的自由能為G_s，對應的常態金屬自由能為G_n。設全部超導體為1單位。若在某時點超導部份佔x單位，常態部份必佔$1-x$單位。所以全系統的吉勃斯自由能$G = G_s x + (1-x)G_n$。取微分，得$dG = (G_s - G_n)dx$。若G為最小，必有$dG = 0$，即$G_s = G_n$。故在平衡時，兩種物相之自由能相等：$G = G_s = G_n$。本篇圖A是第二篇中的H_c對T的臨界曲線。從物相觀點說，這條曲線也就是超導與常態二相的平衡曲線。曲線上任何一點都表示$G_n(T,H_c) = G_s(T,H_c)$。

⑥ 超導體的凝結能。

當常態金屬變為超導體後，兩種物態的吉勃斯自由能之差，就是凝結能（condensation energy）。這種能量可以從吉勃斯自由能算式著手推導，經過簡單的計算[註1]，得到的結果是

$$G_n(T,0) - G_s(T,0) = \frac{1}{2}\mu_0 H_c^2(T)$$

此式就表示單位超導體的凝結能。凝結能的意思是金屬從常態變為超導體後「吃掉」的能量。這能量是溫度T的函數，T的範圍介乎0與T_c之間。

如果把凝結能分配到晶體內每一原子（或導電的電子）來看，數量會出奇的小。然而如此微小的能量，卻足以引起超導現

象，這是早期物理學家深感興趣的問題。把凝結能分配給每一原子的數值到底有多小呢？下面舉鋁和汞兩種金屬為例，以見一般。假定兩者的溫度都在絕對零度。

鋁的密度是2.70克/立方公分(g/cm^3)，原子量是26.98g/mol。所以1摩爾(mol)鋁原子所佔的體積必為$26.98 \div 2.70 = 9.99 cm^3/mol$。但是根據亞佛加厥(Avogadro)數，1摩爾原子的數目$N_A = 6.02 \times 10^{23} atoms/mol$，所以每個鋁原子佔的體積必為$9.99 \div (6.02 \times 10^{23}) = 1.66 \times 10^{-23} cm^3/atom$。

其次，鋁的臨界磁場是$H_0 = 0.79 \times 10^4 A/m$。所以凝結能為$\frac{1}{2}\mu_0 H_0^2 = \frac{1}{2} \times 4\pi \times 10^{-7} \times (0.79 \times 10^4)^2 = 39.2$ $J/m^3 = 3.92 \times 10^{-5} J/cm^3$。所以每一原子分配到的能量必為$1.66 \times 10^{-23} \times 3.92 \times 10^{-5} = 6.51 \times 10^{-28} J/atom \sim 4 \times 10^{-9}$電子伏特(eV)[註2]。

汞的密度是$13.6 g/cm^3$，原子量為200.59g/mol，$H_0 = 3.30 \times 10^4 A/m$。利用和上例完全相同的算法，可求得每一汞原子分配到的能量是$1.68 \times 10^{-26} J/atom \sim 1 \times 10^{-7} eV$。

金屬內和原子或電子有關的能量變化，多以若干電子伏特(eV)計算。像以上所求出這麼小的凝結能，怎麼會導致超導作用，實在很令人好奇。

⑦ 比熱的跳變

物理書上說：將熱量ΔQ加到質量為m的物體中，結果溫度升高ΔT。那麼ΔQ與ΔT之比，就是這物體的熱容量（heat capacity）。再進一步，如熱容量用物體的單位質量計算，就是比熱（specific heat）了。

若熱量以卡(cal)計(1cal＝4.186J)，質量以克(g)計，溫度用攝氏度(℃)，在室溫下，水的比熱為1單位，也就是將1cal的熱加進1g水中，水的溫度升高1℃。這個數值最大。金屬的比熱都

比較小，像鋁、鐵和汞的比熱分別為0.22、0.11和0.03單位。

在室溫下，金屬的比熱有兩個來源：一是構成晶體格子（crystal lattice）點陣（簡稱晶格點陣）的原子振動，二是導電電子的運動。在低溫下，晶格點陣的作用變得微小，導電的自由電子會扮演重要的角色。超導體的比熱遠比室溫下的金屬比熱為小，雖然因金屬的不同而有差異，粗略估計前者大約只有後者的千分之一到萬分之一。

接下來說明超導體比熱的算法。在上節中，我們已經知道當溫度T介於0與T_c之間時，算出的凝結能為

$$G_n(T,0) - G_s(T,0) = \frac{1}{2}\mu_0 H_c^2(T) \tag{1}$$

從第5節中的吉勃斯自由能算式，又知道式中有$-ST$一項。所以取G_n和G_s對T的導式（用 ′ 和 ″ 分別代表一級和二級導式），可得$G_n' = -S_n$，$G_s' = -S_s$，將(1)式兩端對T取導式，就有

$$S_s - S_n = \mu_0 H_c H_c' \tag{2}$$

由圖A中H_c對T的曲線變化可知：H_c隨T的增加而逐漸減少，顯示$H_c' < 0$，故(2)式右端為負。因此$S_s < S_n$。這就是在第4節中說過的：S_n大表示系統中導電質點的散亂度高；S_s小表示質點有規律性，散亂度低。

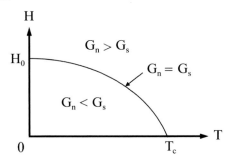

圖A　$G_n = G_s$是常態和超導兩種物相的平衡曲線，曲線上方是常態金屬區，下方是超導體區。

倘使對一單位體積內的質量加上熱量dQ，而熵的變化為dS，那麼根據熵的定義dQ＝TdS。如果這微小熱量使單位體積內的質量升高溫度dT，於是該物質的比熱就是$C=\frac{dQ}{dT}=TS'$。既然TS'表示比熱，將上面第(2)式兩端對T取導式，然後乘以T，結果就是

$$T\left(S_s'-S_n'\right)=C_s-C_n=\mu_0 T\left(H_c'^2+H_c H_c''\right) \tag{3}$$

C_s和C_n分別為超導體和常態金屬的比熱。圖A中曲線的右端點為$T=T_c$，而$H_c=0$，所以在這一點，（3）式簡化成

$$C_s-C_n=\mu_0 T_c H_c'^2\left(T_c\right) \tag{4}$$

此關係式表示：常態金屬在溫度下降到T_c時，超導體的比熱C_s會有一陡然跳升（jump）。這是超導體獨有的特徵。參看圖B及下方說明。

用自由能討論超導體的相變，可分為一級和二級兩類。一級相變的定義是$G_n=G_s$，但$G_n'\neq G_s'$。二級相變的定義是$G_n=G_s$，$G_n'=G_s'$，但$G_n''\neq G_s''$。從本節中的討論，可知圖A曲線上除了$T=0$和$T=T_c$兩端點是二級相變以外，其餘全曲線都是一級相變。

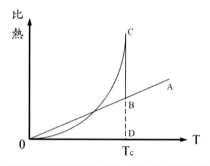

圖B　直線AB0表示當沒有超導現象發生時之比熱隨溫度降低的變化方式。但實際上，當溫度降到臨界值T_c時，比熱陡然跳升到高點C再循曲線下降至0。圖中BC對BD兩線段之比，可算出是1.43。

⑧ 超導體不導熱但可降溫

由經驗知道，良好的導電材料（如銅、鋁之類），也是良好的導熱材料。事實上，在室溫下的熱導率（thermal conductivity）和電導率（electrical conductivity）之比為一常數。憑直覺判斷，一般可能會認為低溫下的超導體，其熱導率必高，實際上恰好相反。

金屬之所以導熱，也是由於自由電子的運動和晶格點陣的振動兩個因素使然。晶格點陣的每一點代表一個原子，原子與原子之間的距離約數Å，視材料的不同而異，導電的自由電子就在其間遊走或受原子的散射（scattering）。晶格點陣的機械振動，和聲音在晶體中傳播是同一件事，對應於每一不同頻率的振動，稱為一個聲子（phonon）。聲子可以和光子（photon）對照，因為兩者有相似的性質[註3]。

在室溫下，純金屬的導熱，主要是靠自由電子，聲子的作用較小。可是一旦把溫度降到臨界值T_c以下，超導電子的規律性大增，熵值變得很低，也就是散亂度大減。而熱的傳導，靠的是傳熱質點的散亂度，現在散亂度沒有了，所以超導體失去了導熱的機能，幾乎變成絕緣體。

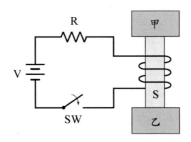

圖C 設甲物體溫度高，乙物體溫度低。甲、乙之間以超導體S相連，由線圈的電源控制超導體熱開關。

因為低溫下的超導體失去了導熱的機能，這種特性可以用來做成熱開關（heat switch）。圖C展示甲、乙二物體以超導體柱相連，柱上繞控制線圈。假定甲物體的溫度比乙物體高。由於超導體的熱導率小，所以甲物體的熱不易傳遞到乙物體。此時如果把控制線圈的電源接通（按下圖中的開關SW），超導體受磁場（強度設定在臨界值H_c以上）的影響，將變為常態金屬，故甲物體內的熱得以順利地流向乙物體。倘使要停止傳遞，就把磁場的直流電源切斷，收放自如。

　　另外，利用磁場的變化來控制超導體的相變，可以降低溫度。先決條件是要有絕熱的措施。當磁場增加到臨界值H_c時，超導體變為常態金屬，此時會自周遭吸收熱量，使溫度下降。因為絕熱，除去磁場溫度也不會升高。重複此過程，周遭溫度會進一步降低。這雖然不是實用的降溫方法，但降溫原理的存在，則無疑問。

第四篇
宏觀理論

　　超導體的研究，走過兩條路線：一條是唯象的（phenome-nological），只做表面功夫，只從整體的變化考量。例如超導體對於溫度，對於磁場的反應等等，都是從表象上來了解超導體，所以這類的研究叫做宏觀的（macroscopic）研究。第二條路線是詳究超導體內部的電子、原子的結構、行為，用統計力學和量子力學的方法，找出各種超導現象之所以發生的原因，這是微觀的（microscopic）研究。在本篇中，我們先簡要地說明宏觀理論，BCS的微觀理論留待下一章中再作介紹。

① 双流模型

　　在1934年，高特（J. C. Gorter）和凱斯彌（H. B. Casimir）提出一個双流模型（two-fluid model）來解釋超導現象。双流的意思是把金屬內導電的常態電子和超導電子看做兩種均勻混合的流體。常態電子流體的行為和在常態金屬中的情況相同；超導電子流體，當然具有超導體的特性。

　　兩種流體所佔的比率，由一參數α決定，α是溫度的函數。若單位體積內的自由電子數為n，那麼nα個電子屬於超導電子流體，n(1−α)個電子屬於常態電子流體。α在0與1之間隨溫度而

變：當T＝0時，α＝1，電子全在超導流體中；T＝T$_c$時，α＝0，即電子全屬於常態流體。

若把双流模型以電阻Rh和短路Sh來表示，如圖A所示，那麼電流I必從超導體的短路Sh經過，因為沒有電阻。可是熱的傳遞，必經過電阻Rh，因為超導體不傳熱。

高特和凱斯彌曾依據α隨溫度的變化，寫出自由能公式，再據以導出超導體的熵、比熱、能量等，甚至也導出H$_c$(T)對溫度T的拋物線變化公式，不過「拼湊」的痕跡很明顯。還有，双流模型也不能解釋完全抗磁的梅斯納效應。

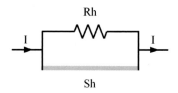

圖A　溫度T介於0與T$_c$之間時，超導體的双流等值電路。電流I流過短路(Sh)一支，不會流過電阻(Rh)。

縱使双流模型不是完善的超導體理論，但對於許多特殊的問題，如超導體對各種高低頻率的交流電磁場的反應等，双流模型仍然是極有用的概念。因為只要溫度T在0與T$_c$之間，就有常態電子和超導電子共存的事實，這是很明確的辨識。

② 朗登理論

朗登兄弟（F. & H. London）本在德國從事低溫物理研究。希特勒當權後，許多科學家受到迫害，因而從德國逃往英、美。朗登兄弟就是這樣到英國去的。他們在1935年發表超導體的電磁理論。

利用馬克士威爾（J. C. Maxwell）電磁方程式，兄弟二人算出有關超導體的重要結果。基本上，朗登也採用双流模型的概念。他們把金屬中的電子分為常態的和超導的兩類，二者在導體內均勻地混合分佈，即單位體積內的超導和常態電子數目皆為常數。因為常態電子受歐姆定律的支配，如圖A所示，超導電流會避開常態電子部份的電阻，故導電作用只考慮超導部份就行了。

由於朗登的方法比較嚴密，同時能對超導體的兩大特徵：零電阻和完全抗磁，都有圓滿的交代，雖然對於超導現象的發生，和双流模型一樣，不能有所解釋，一般說來，算是非常完整的宏觀理論。

朗登理論的最大成功是它明示完全抗磁不是絕對的。外加的磁通量還是有一小部份會從超導體的表面滲入到內部，且以指數 e^{-x/λ_L} 的方式向超導體內部衰減，如圖B所示。此處的e是自然對數的底，其值約為2.718；x是從超導體表面透入內部的距離；λ_L 是一常數，名為朗登透入深度（penetration depth）。公式為 $\lambda_L = \left(\dfrac{m_e}{\mu_0 e^2 n_s}\right)^{\frac{1}{2}}$，式中 m_e 和 e 分別表示電子的質量和電荷，n_s 是超導電子的密度，令其值為 $10^{29}/m^3$（註1），則 $\lambda_L \sim 10^{-6}$ cm。這是一個很小的數值，表示磁場透入超導體的深度極淺，絕大部分區域還是呈現完全抗磁，即磁通密度B＝0。

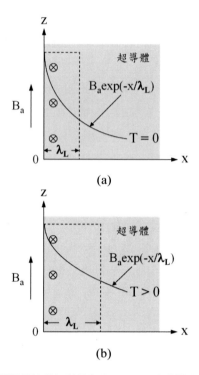

(a)

(b)

圖B　和超導體表面平行的外加磁通密度$B_a = \mu_0 H_a$自導體表面以exp(-x/λ_L)的形
　　　式向內部衰減(a)。透入深度的意義可以這麼說：在λ_L深度內，以定值B_a
　　　所算出的磁通量與以漸變方式$B_a$exp(-x/λ_L)至導體深處所涵蓋的磁通量相
　　　等。(b)T＞0時之λ_L較(a)T＝0時之λ_L大。

　　　上述結果十分重要。不論透入深度值的大小，這使得產生
完全抗磁的感應電流有了寄託。此種電流就是存在於透入深度
的小範圍內，如圖B中有十字心的諸小圓所示。這電流向導體內
部的衰減方式，和磁場相同，也以因數e^{-x/λ_L}呈現。
　　　透入深度的數值微小，每種金屬的數值不同，它的影響視
超導體的大小而異。如果導體是遠比λ_L為大的平板，磁場的分佈
略如圖C(a)所示；反之，如平板的厚度和λ_L的大小相若，那麼超
導體內部就不會有完全抗磁，如圖C(b)所示。

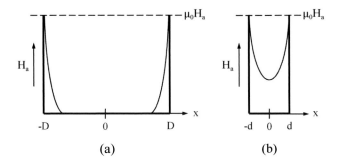

圖C　(a)和(b)分別表示厚度為2D和2d之超導體板(D≫d)。二者都在和板面平行的外加磁場H_a中。D≫λ_L，d～λ_L，所以後者沒有完全抗磁。

　　朗登理論最顯著的缺陷是它所預測的λ_L值不能與實驗結果相吻合。量測值常在預測值的二倍以上，顯見朗登的理論還是存有潛在的問題。

　　因透入深度的數值微小，故常以埃(Å)或奈米(nm)計。1Å＝10^{-10}m；1nm＝10^{-9}m＝10Å。例如金屬鋁、錫、鉛、鉈、鈮在絕對零度下的λ_L值分別為500Å、510Å、390Å、920Å、470Å。

　　在絕對零度下，n_s有最大值，溫度升高，n_s下降，所以λ_L增加，如圖B(b)中的λ_L比圖B(a)中的λ_L大。當T＝T_c時，λ_L將貫穿導體，成為常態金屬。

③ 圓柱導體的臨界電流。

　　流經超導體的電流可分為兩類：一類是為了抗拒外加磁通進入超導體內（梅斯納效應），由感應而生的屏蔽電流，我們在前面已有說明。另一類是從超導體流過的所謂輸送（transport）電流，這種電流當然也產生磁場。

　　在第二篇中曾說電流I流過一根圓柱形的導線時，在柱外任一點產生的磁場強度和線上的總電流I成正比，又和該點到線之

軸心的垂直距離r成反比。這個關係名為安培環路定律，也就是 $H = \frac{I}{2\pi r}$ 。H的方向和以r為半徑之圓相切，參看圖D。

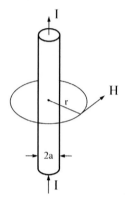

圖D　電流I從圓柱流過時，產生的磁場$H = \frac{I}{2\pi r}$ 。

當r＝a時，圓柱導體表面上的$H = \frac{I}{2\pi a}$ 。

　　今假定導線的半徑為a，在沒有外加磁場的環境中，臨界電流I_c必發生於導線表面的磁場到達臨界值H_c時，即$H_c = \frac{I}{2\pi a}$ 。此判別關係式本來叫做奚斯比假說（Silsbee's hypothesis）。為什麼叫做假說呢？因為奚斯比提出此議時（1916），人們還沒有定出臨界電流的觀念。

　　依據梅斯納效應，超導體內部的磁通為零。因磁通常與電流相伴，內部既然沒有磁通，當然也不可能有電流。因此超導體的輸送電流，也和屏蔽電流相同，只能存在於靠近超導體表面附近，以e^{-x/λ_L}的方式自表面向內部衰減。x軸的置向和圖B中標示相同。依照這般解釋，超導電流宛如被侷限在厚度為λ_L的圓筒壁中，如圖E所示。

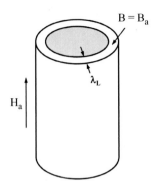

圖E　外加的磁通密度$B_a = \mu_0 H_a$，宛如
只滲入厚度為λ_L的圓筒壁中。

設圓柱導體的半徑為a，且$a \gg \lambda_L$。由於$H_c = \dfrac{I}{2\pi a}$，而且I_c為圖E所示之圓筒壁的橫截面積$2\pi a \lambda_L$和臨界電流密度J_c的乘積，即$I_c = 2\pi a \lambda_L J_c$，所以$J_c = \dfrac{H_c}{\lambda_L}$。此關係也同樣適用於$a < \lambda_L$的狀況。

舉個例子：半徑為0.1cm的鉛線，在溫度T＝0時之$\lambda_L =$390Å，而且$H_0 = 6.4 \times 10^4 A/m$，故其臨界電流密度$J_c = 6.4 \times 10^4/3.90 \times 10^{-8} = 1.64 \times 10^{12} A/m^2 = 1.64 \times 10^8 A/cm^2$，這是很大的數字！但臨界電流只有$I_c = 2\pi \times 0.1 \times 3.90 \times 10^{-6} \times 1.64 \times 10^8 \sim 400A$。這就表示直徑為2mm的鉛線，所載的最大超導電流不能超過400A。

④ 超導電子的協合長度

在第三篇中，我們曾說過進入超導狀態的導電電子，會變得有規律性，熵值降低。規律性當然是由於超導電子發生了某種有秩序的排列或組合。在1953年，英國物理學家皮帕（A. B.

Pippard）按照他所掌握的實驗數據，認為超導電子的密度不可能在任意小的空間範圍內產生劇烈變化，只有經過某一適當距離，才能顯示出變化。這個距離，皮帕稱之為協合長度（coherence length）。參看圖F和下方的說明。

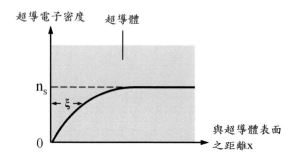

圖F　超導電子的密度自表面(x＝0)向內部逐漸增加到飽和值n_s，ξ表示電子的協合長度。

協合長度是一個極端重要的超導體參數，皮帕最先估算其值約為10^{-4}cm，在早年這是一個廣被傳揚的數字。事實上，每種純金屬晶體的協合長度都不相同。例如鋁、錫、鉛、釩、鈮在絕對零度下的數值分別為15000Å、2500Å、870Å、2700Å、600Å。其中以鋁的數值和皮帕的估計最接近。

協合長度常用ξ來表示，金屬如為端正、純淨的晶體，沒有雜質（impurities）或其他缺陷，則稱為天然的（intrinsic）協合長度，常用ξ_0表示。純金屬超導體的ξ_0有最大值，若金屬晶體內有雜質（如別種原子），ξ會變小，二者之間的關係約為$\xi^{-1}＝\xi_0^{-1}+l_e^{-1}$，這是皮帕的經驗（empirical）公式，式中的l_e叫做電子的平均自由路程（mean free path）。由此式可見l_e很大時，$\xi\sim\xi_0$；反之，若晶體內含有雜質，l_e會變小，因而ξ也變得很小。在晚近發現的高溫超導體中，ξ甚至可小至10Å以下。

皮帕研究協合長度，認定電流和場量之間的關係不是一種

局部（local）作用，曾得到很成功的結果，且對後來超導電子行為本質的了解有所啟發。但他終不知超導電子到底有甚麼樣的排列組合，直到BCS的微觀理論問世，才明白協合長度就是電子對（electron pair）範圍的大小。原來超導體內的超導電子都是成雙成對的。這個話題留待以後再談。

以上提到平均自由路程，關於這個名詞的意義，在這裡再補說幾句。金屬晶體中的電子，在絕對溫度不為零時，具有動能。因此在金屬中運動的電子，受到多種因素的影響，產生散射（scattering）。所有接連多次散射之間距離的平均值，定為平均自由路程。以銅為例，在室溫下銅晶體中自由電子的平均自由路程約為3×10^{-6}cm。這個數字看似微小，但因銅原子間的距離只有約3.5×10^{-8}cm(3.5Å)，所以銅中的電子在連續二次散射之間，平均經過近一百個銅原子。由此例可以想像散射進行的狀況。降低溫度，散射能量變小，但作用依然存在。超導現象就發生在極微弱的電子和原子的交互作用中。

⑤ 金司保・蘭道的理論

在1950年，俄國人金司保（V. L. Ginzburg）和蘭道（L. D. Landau）提出一個解釋超導現象的宏觀理論，簡稱G-L理論。G代表金司保，L代表蘭道。蘭道（生於1908年）在1950年之前，已是名滿天下的物理大師；金司保（生於1916年）當時是一位名氣不大的科學家，追隨蘭道做研究。

G-L理論是蘭道首先開始的；他在1937年發表的文章中，採取一個級量參數（order parameter）$\phi = \phi(\vec{r})$，並且以$\phi\phi = |\phi|^2$表示超導體內某點$\vec{r}$[在正座標中，$\vec{r} = (x,y,z)$]的超導電子密度$n_s = n_s(\vec{r})$。由於ϕ隨$\vec{r}$變化，所以n_s亦隨$\vec{r}$變化。ϕ是ϕ的複共軛函數。

我們知道，在朗登理論中，n_s是常數，即導體內任何一點$\vec{r}$的超導電子密度都相同，而G-L則認為n_s值在每一點$\vec{r}$都不相同。由此可見，G-L理論應該是朗登理論的擴充。事實正是如此，當級量參數為常數時，G-L公式就退化成朗登公式了。

　　說到G-L工作的內涵，在本質上並不繁複。他們寫出的超導體自由能算式中，出現兩個新參數：一個是$\phi=\phi(\vec{r})$，另一個是磁勢向量$\vec{A}$[註2]。G-L對ϕ和$\vec{A}$兩者求自由能的最小值，結果得到一對方程式，後來通稱G-L方程式。G-L第一方程式，就是量子力學中的薛丁格方程式，從此式可以解出級量參數ϕ。G－L第二方程式，就是合於量子力學表達方式的電流密度公式。

　　此二式在本書的附錄A中都曾出現[(A5)式和(A23)式]，讀者可以參閱。依據這兩個方程式，配合邊界條件，能解決各式各樣的超導體問題。這就是G-L理論的大概。這理論看似簡單，詳細的推導，必須透過較繁瑣的代數演算。解釋G-L理論的書籍中都會包含此類的材料。

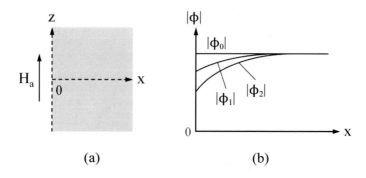

(a) (b)

圖G　(a)外加磁場H_a沿z軸方向和超導體的表面平行。(b)ϕ_0、ϕ_1、ϕ_2分別表示外加磁場為0、H_1、H_2時超導體的級量參數，且$0<H_1<H_2$。因為$|\phi_0|^2=n_{s0}$，$|\phi_1|^2=n_{s1}$，$|\phi_2|^2=n_{s2}$，由圖可知在靠近表面處$n_{s0}>n_{s1}>n_{s2}$。

⑥ G-L理論的優越

前面說過，G-L的方法是朗登方法的推廣。圖G(a)表示外加磁場H_a和超導體的表面平行，表面為yz面，磁場沿z軸方向。對於這種安排，朗登把n_s設定為常數，所以磁場的透入深度λ_L也是常數，而且失之過小。可是若從G-L的方程式解出級量參數ϕ，這個ϕ常是外加磁場H_a和距離x的函數，因此超導電子密度（$n_s = |\phi|^2$）也是H_a和x的函數。

圖G(b)中的水平線$|\phi_0|$、曲線$|\phi_1|$和$|\phi_2|$分別表示外加磁場強度為0、H_1和$H_2(0 < H_1 < H_2)$時級量參數的大小$|\phi|$對x的變化，也就是超導電子密度在yz面附近的大小依序為$n_{s0} > n_{s1} > n_{s2}$[符號的意義參看圖G(b)的說明]。所以由G-L方程式求出的ϕ有兩個特徵：一是在超導體內能使超導電子密度保持在定值n_{s0}；二是在超導體表面附近，超導電子密度會隨外加磁場的升高而降低。這種效應，朗登理論完全無法顯示。

超導電子密度（$n_s = |\phi|^2$）在表面附近既然會隨外加磁場的升高而降低，故使得透入深度$\lambda_L \left[= \left(\dfrac{m_e}{\mu_0 e_2 n_s} \right)^{\frac{1}{2}} \right]$增加，恰好彌補了朗登的$\lambda_L$值在表面附近失之過小的缺陷。或者說，G-L理論比較能和實況相吻合。有趣的是單個電子和電子對的透入深度公式形式相同[註3]。

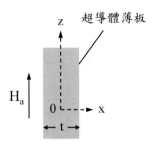

圖H　厚度為t之超導體薄板（膜），置於外加磁場H_a中，H_a的方向和板面平行。此板的級量參數Φ常為x、t、H_a和透入深度λ的函數，故$n_s = |\Phi|^2$亦為x、t、H_a和λ的函數。

另外，如圖H所示，在直流磁場H_a中有一厚度為t薄板（膜）狀的超導體。若其透入深度$\lambda>t$，那麼可求得這種形狀超導體之級量參數ϕ為x、t和H_a的函數。這種和實際量測結果比較符合的關係式，也只能以G-L方法算出。

　　G-L理論是探討各種宏觀超導體問題的主流方法，包括第II類超導體的各種問題、高溫超導體問題在內，其重要性不言可喻。

⑦ 估算超導體的表面能

　　在結束本篇之前，還有一個題目要說一說，那就是超導體的表面能（surface energy），或稱界面能。在第二篇裡，我們曾討論過居間態，維持居間態的一個因素，即是表面能。

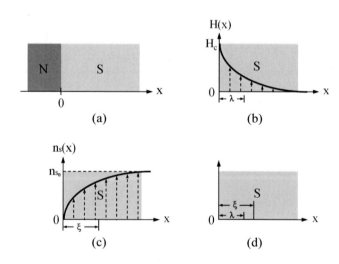

圖I　(a)常態金屬(N)和超導體(S)之界面在x＝0。(b)H_c在N區有定值，在S區為H(x)向內衰減。(c)$n_s(x)$自界面向內逐漸增加，到達定值n_{s0}。(d)在透入深度λ以下，磁場為H_c；在協合長度ξ以下，n_s為0。

圖I(a)表示常態區(N)與超導體區(S)相毗鄰的界面。圖I(b)的曲線表示磁場在N區中有定值H_c，在S區則自界面開始，向內逐漸衰減。這衰減的磁通總量，可以用在透入深度λ之內強度為H_c的磁通總量來取代。換言之，強度為H_c的磁場進入S區內的深度為λ。如此才便於計算。

　　圖I(c)的曲線表示超導電子密度在靠近界面處的變化。若令界面上的密度數值為零，愈向內部愈增加，最後到達定值n_{s0}。這一段的變化，可以視為從界面起，到超導電子之間的協和長度ξ止，超導電子密度為零，其餘部份的密度為n_{s0}。

　　以上的說明，可總結為兩點：一是強度為H_c的磁場透入S區內λ的深度；二是S區超導電子密度為n_{s0}的區域自表面向內退縮ξ的深度。如圖I(d)所示。

　　我們知道（參看第三篇），在沒有外加磁場的情況下，當金屬由常態變為超導體時，單位體積內超導電子的凝結能為$-\frac{1}{2}\mu_0 H_c^2$。而在強度為H_c的外加磁場中，超導體單位體積之磁化能（magnetization energy）為$+\frac{1}{2}\mu_0 H_c^2$。這兩種能量在超導體內部是相互抵銷的，但在超導體表面附近則不然。這裡的超導體有ξ深度不需凝結，所以界面的單位面積上等於增加了$\frac{1}{2}\xi\mu_0 H_c^2$的能量。同理，自界面進入S區內$\lambda$深度不需磁化，所以界面單位面積內等於減少了$\frac{1}{2}\lambda\mu_0 H_c^2$的能量。故界面單位面積上的總能量變化為$\frac{1}{2}(\xi-\lambda)\mu_0 H_c^2$。這就是表面能。

　　上述這種計算表面能的方法比較簡易，但不過是一個粗略的估計。由上式來判定表面能的正負，很顯然分界點是$\xi=\lambda$。當$\xi>\lambda$時，表面能為正；當$\xi<\lambda$時，表面能為負。不過$\xi=\lambda$不是一個好分界點。精準的計算，須用G-L的方法。當年G-L曾定出一個參數[一般都叫做G-L參數（G-L parameter）]$\kappa=\frac{\lambda}{\xi}$。他們用精確的數值計算法（numerical method）求出分界點為$\kappa=\frac{1}{\sqrt{2}}$。即

當 $\frac{\lambda}{\xi} < \frac{1}{\sqrt{2}}$ 時，表面能為正；$\frac{\lambda}{\xi} > \frac{1}{\sqrt{2}}$ 時，表面能為負。表面能為正的屬於第I類超導體，為負的屬於第 II 類超導體。詳見後面第七篇。

⑧ 憑直覺創建的理論

　　G-L理論是建立在宏觀的基礎上，不若解釋別種物理現象的理論那般具體嚴謹，所以這種概念在當初由兩位俄國人提出時，並沒有受到西方學界多少重視。後來在1958到1959年的一段時間中，俄國人高爾考夫（L. P. Gor′kov）從當時問世才一年的BCS微觀理論推導出G-L的一對公式，這才證實了G-L方法的正確，於是情況完全改觀。

　　起初，高爾考夫為了證實G-L的公式可從微觀理論導出，也曾把溫度T的變化範圍限制在T_c附近，同時假定$\phi(\vec{r})$和$\vec{A}$都是平和穩定的函數，不隨$\vec{r}$的變動呈現劇烈變化。到1960年以後，依據G-L的觀念，出現了許多研究論文，解決了無數的第 II 類超導體問題，當然也包括後來的高溫超導體在內。而開始時G-L所設的溫度限制，並不曾成為應用上的一種障礙。由於能解決各式各樣的問題，所以G-L方法是探討宏觀超導體問題的重要方法。

　　低溫物理學家都認為G-L的理論是以直覺（intuition）為憑據建立起來的，這一點也許正可顯示出始倡者創造能力的高超。不過做研究的人也有幸與不幸，G-L當初發表他們的論文時，未必會見及這篇文章後來竟然發生如此深遠的影響，會成為二十世紀極為重要的一種超導體理論。

⑨ 得到諾貝爾物理獎

　　從1950年發表論文算起，經過半個多世紀，瑞典的諾貝爾獎委員會在2003年頒發物理獎給金司保，這一年金氏八十七歲。同年得獎的還有第 II 類超導體理論的創建者阿布利科索夫（A. A. Abrikosov），此人這時已是美國公民。他的得獎論文發表在1957年，那時他還不滿三十歲（1928年出生），得獎時他已七十五歲了。

　　俄國還有一位著名的物理學家柯畢查（P. L. Kapitza），同樣也是在他研究超流體（superfluid）的論文發表之後三十多年，才於1978年獲獎（柯氏的成就是多方面的，不只低溫物理研究一項），那時柯畢查也已是一位高齡八十五歲的老人。

　　G-L二人中的蘭道曾於1962年獲得諾貝爾物理獎，但不是因為G-L理論，而是由於他對凝態物質（condensate），特別是液體氦，研究的卓越貢獻。蘭道得獎時，同樣是在他的研究論文發表之後二十多年。1962年初，蘭道車禍受傷，因此他並未能親自去領獎。後來拖了六年多，到1968年春天過世。

　　總括地說，諾貝爾獎對上一世紀俄國的幾位低溫物理學家，都是在文章發表之後很多年，才頒獎給他們。幸虧這些人（特別是金、柯兩位）都很長壽，才有機會獲得這份晚到的光榮。

第五篇
微觀理論

　　自從翁尼斯發現了超導體，物理學家就想找出超導現象發生的原因。因為這個現象看上去太神奇了：沒有電阻，凝結能分配到每個導電質點的數量是難以想像的低，由常態到超導的溫度變化範圍又是如此窄小，還會呈現完全抗磁……。這些不尋常的現象，在在都令人神往。BCS理論對這些現象，都有圓滿的解釋，所以是一種完美的物理理論。本篇將對此理論作淺顯的介紹。

① 艱難的理論解釋

　　從超導體被發現到1950年，在將近四十年之中，研究的進展比較緩慢。但這期間，試圖以微觀的角度，想從根本上解釋超導現象的人並不少，其中包括愛因斯坦（A. Einstein）。愛因斯坦是特殊的天才人物，在他涉及的每一研究領域，幾乎都有傲人的成就。可是在解釋超導現象這個問題上，他的見解卻與事實不符。

　　除了愛因斯坦，還有量子力學的創始人海森堡（W. Heisenberg）亦曾發表文章，試圖解釋超導體。但總括地說，他

也是無功而返。因為對於超導現象，那時使用量子力學，還找不到著力的地方。

其他如布拉哈（F. Bloch），富倫克（Y. Frenkel），波恩（M. Born）等著名固態物理學家，也都費了許多力氣，並未獲得有價值的結果。

對這個看似簡單的超導現象，要尋找精微的正確解釋，可真難啊！

今日回看歷史，上述多位大師，在當時的物理領域裡雖是泰山北斗級的人物，但因解決超導現象所需的知識、觀念那時還沒有發展成熟，所以他們也無法有所作為。

到1950年之後，累積的相關訊息和數據所帶來的啟示越聚越多，固態物理所用的解析方法也越來越嫻熟，這道難題終於被三個美國人在1957年提出正確答案。算時間，距翁尼斯發現超導體已快五十年了。三個美國人的名字是巴汀（J. Bardeen），古柏（L. N. Cooper）和施瑞夫（J. R. Schrieffer）。他們的理論簡稱BCS理論，BCS是三人姓氏的起首字母。這個所謂微觀理論，把弱耦合金屬超導體的神秘面紗，差不多完全揭開。這三人得到1972年諾貝爾物理獎。

② 量子力學的概念

在這一節中，我們要簡單地說說幾個和量子力學有關的概念，因為這些概念在後面解釋超導作用時會遇到。至於量子力學講些什麼，請參看附錄A的介紹[註1]。

(1) 質點的波性

法國物理學家狄布勞義（L. de Broglie）於1924年首倡質點的波性說。對於運動中的微小質點（例如電子的質量約為

9×10^{-31}kg，就是一個微小質點），狄布勞義主張其動量p和波長λ之間的關係為$\lambda = $ h/p；而其總能量E和波動頻率f之間的關係為E＝hf。兩式中的h＝6.626×10^{-34}焦耳‧秒(J·s)，是蒲朗克（Planck）常數。

　　起初，歐洲學界附和此說的人很少，但少數人中包括愛因斯坦在內。果然，一年之後（1925-26）這構想促進了量子力學（quantum mechanics）的誕生，使物理學的研究進入新紀元。

(2)互斥原理

　　利用量子力學，可以求得獨立原子中的每一電子（或者一塊金屬中的每一個自由電子）都具有一組量子數（quantum number），並且沒有兩組量子數會完全相同。換句話說，每一組量子數標示著一個不同的量子狀態。在擁有多個電子的系統中，彼此相互排斥，沒有兩個電子會占據相同的狀態。描述此一事實的所謂互斥原理（exclusion principle），是鮑利（W. Pauli）在1925年首先發現的。

(3)電子的自旋

　　構成每一量子狀態的量子數有四個，其中三個源於三度空間，一個源於電子的自旋（spin）[註2]。所謂自旋，就是把電子看作一個圓球，這圓球繞著一個穿過球心的軸旋轉，像陀螺一樣。不過電子的旋轉實際上是不存在的，但自旋的「效應」則絕對存在。此種看似矛盾的解釋，沒有尋常的經驗可以比對，這就是量子力學不同於傳統古典物理的地方。

　　電子的自旋量子數有二，分別為$\pm \frac{1}{2}$，故自旋的角動量（angular momentum）為$\pm \frac{1}{2} \hbar$（$\hbar = $ h/2π）。兩種方向相反的自旋，分別稱作上旋（spin up）和下旋（spin down），依次對應於$\pm$兩種符號。

(4) 量子化的意義

在一個獨立的原子中，電子繞著原子核運轉，依照電磁原理，循著環路運動的帶電質點，因為受到加速，會產生輻射，使得質點自身的能量逐漸耗失，很快便跌落到原子核上。然而實際上電子卻能繞著原子核穩定地運轉，這是什麼原因呢？

早在1913年，波耳（N. Bohr）為了解釋原子光譜，曾作公設（postulate）。他的公設中有一條說：當電子繞著原子核運轉的角動量為$n\hbar$時（n為正整數），電子即不會產生輻射[註3]。這就是角動量的量子化（quantization）。原子中符合角動量子化條件的電子，除非受到相當強大的外力（如能量夠高的輻射）干擾，就會穩定地繞著原子核永續運行。

一塊金屬超導體中的眾多電子，也和孤立原子中電子之角動量量子化的情形相似，必定要符合某種特殊行為模式，才能展現出沒有耗損的超導作用。

(5) 測不準原理

電子的運動遵從測不準原理（uncertainty principle），這原理在1927年由海森堡提出。舉例來說，對於沿x軸運動的電子，人們不可能同時測知這電子的精確位置x和動量p_x。用傳統的眼光看，只要儀器夠精準，方法正確，想把x和p_x量到多準就量到多準，應該沒有什麼限制，但這是「古典的」想法。

依照量子力學計算，兩者的誤差大小Δx和Δp_x之間有$\Delta x \Delta p_x \geq \hbar/2$的關係。由此關係，若質點的位置夠精準，即$\Delta x$很小，那麼$\Delta p_x$就很大，表示$p_x$很不準。反之，若動量$p_x$少有誤差，即$\Delta p_x$很小，則$\Delta x$就會很大，或者說位置就無法精確測定。參看附錄A的第一節和第七節。

除了x和p_x，能量E和時間t亦有類似的關係：$\Delta E \Delta t \geq \hbar/2$。

和測不準原理有關的是相同質點的不可分辨性（indistinguishability）。譬如閉封容器中裝盛多個相同的電子，想像在某一時間點分別編上號碼，然後循著它們的運動軌跡追蹤下去，照「古典的」想法，這沒有問題，但依照量子力學就不行了。即使容器中只有1號和2號兩個電子，也絕不可能分辨出哪個是1號，哪個是2號，因為從量子力學的觀點看，我們只能說在容器內某一微小空間中發現電子的機率，而不能說電子必定會經過容器裡面某一點。

(6) 穿隧效應

圖A顯示一個動能為ε質量為m的質點，在一位能高度為V_h，寬度為w的位能障礙（barrier）左側，而且$\varepsilon < V_h$。從傳統的觀念考量，質點m不可能跑到障礙的右側去。但是根據量子力學，質點穿過位能障礙抵達右側有一定的機率，並非全然不可能。這個現象叫做穿隧效應（tunneling effect）。

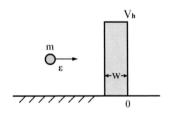

圖A　位能障礙高度為V_h，寬度為w。質點的質量為m，動能為ε且$\varepsilon < V_h$。照傳統力學，質點不可能穿過障礙到達右側，但用量子力學可算出質點穿越障礙的機率有一定的數值，或者說質點常有機會跑到右側去。

以上幾點，和後面要談的問題有關，故先做簡單說明。

③ 金屬中的自由電子。

　　在討論超導體之前，我們先說明金屬中的自由電子是處在一個什麼樣的狀態。假定在一塊固態金屬體內，導電的價電子可以自由離開所屬的原子，使原子變成帶正電的離子，且自由電子和離子或其他電子之間的交互作用可略而不計，則此情形就像是把眾多電子裝盛在封閉的盒中，盒壁相當於金屬表面的位能高牆，阻止自由電子從金屬表面離開。

　　對於在這種環境中的電子，是不是也要遵循鮑利的互斥原理而各佔一個量子組態呢？答案是肯定的。由於自由電子與離子或其餘電子之間沒有交互作用，所以電子的位能$V(\vec{r})=0$。假定金屬塊是一個邊長為ι的正立方體，依照量子力學方法推算[註4]，可得到金屬內每個電子的動能為

$$E_n = \frac{n^2 h^2}{2m_e \iota^2}$$

　　式中的$n^2 = n_x^2 + n_y^2 + n_z^2$。每一個$n^2$代表一個整數，就是一個能量值。而$n_x$，$n_y$，$n_z$三個數值便是由空間決定的一組量子數。每一組量子數再配上一個電子自旋量子數$+\frac{1}{2}$或$-\frac{1}{2}$，就形成四個量子數的量子組態。在互斥原理的規範下，去容納金屬內大量的自由電子。

　　由上面的E_n公式，可知每一個不同的n^2，代表一個不同的能階（energy level），每一能階上可以容納多個量子組態。因$n^2 = n_x^2 + n_y^2 + n_z^2$，當$n^2 = 0$時，$n_x = n_y = n_z = 0$，可是自旋量子數有二，即$\pm\frac{1}{2}$，故共有2個量子組態，可以容納2個電子。又如$n^2 = 1$時，$n_x = \pm1$，$n_y = n_z = 0$；$n_y = \pm1$，$n_z = n_x = 0$；$n_z = \pm1$，$n_x = n_y = 0$，再配合$\pm\frac{1}{2}$，可以排列出12個組態，容納12個電子。同理，$n^2 = 2$時，共有24個量子組態，容納24個電子。依此類

推，當$n^2 = 3, 4, 5, \cdots$時，可以給金屬中每個電子找到一個彼此不同的量子組態，完全符合互斥原理的要求。

在$1\mathrm{cm}^3$金屬中，約有10^{22}個自由電子，數目非常龐大。當溫度為絕對零度時，照上面的方法排到末了，所得的最高能階叫做費米能（Fermi energy），常用E_F表示

$$E_F = \frac{(\hbar k_F)^2}{2m_e} = \frac{p_F^2}{2m_e}$$

p_F和k_F分別表示電子的動能為E_F時之動量和波向量（wave vector）之值。對於一般金屬，E_F之值約為數個eV。鋁的E_F值較高，接近12eV；鈮的E_F值約為5eV。各種金屬的E_F值沒有完全相同的。

金屬內每個電子有不同的量子組態，所以有不同的動量。每個自由電子之動量$\vec{p}$的大小和方向兩者是不會完全相同。圖B顯示一個半徑為p_F的圓球，球內充滿以球心為原點，而大小、方向俱不相同的動量向量。這個結構叫做費米海（Fermi sea），球面叫做費米面（Fermi surface）。在絕對零度下，所有金屬內自由電子的動量值都不會超過p_F，這些電子可以說是處於基態（ground state）。

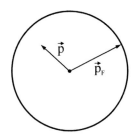

圖B　圖中的向量$\vec{p}$表示金屬內一個自由電子的動量。用$\vec{p}$之最大值p_F為半徑做成之圓球，內部包含金屬體內所有自由電子的不同動量。此球稱為「費米海」。海面叫做費米面，面上的費米能$E_F = p_F^2/2m_e$。
倘使對應於$\vec{p}$和$\vec{p}_F$的波向量分別為$\vec{k}$和$\vec{k}_F$，那麼$\vec{p} = \hbar\vec{k}$，$\vec{p}_F = \hbar\vec{k}_F$。若只問大小，不計方向，於是$p = |\vec{p}| = \hbar|\vec{k}| = \hbar k$，$p_F = |\vec{p}_F| = \hbar|\vec{k}_F| = \hbar k_F$。

在基態的鋁之$p_F = (2m_e E_F)^{\frac{1}{2}} \sim 2 \times 10^{-24} J \cdot s$，這是很小的數值。但$k_F = \dfrac{p_F}{\hbar} \sim 2 \times 10^8/cm$，這是相對較大的數值。由$k_F = \dfrac{2\pi}{\lambda_F}$，可見$\lambda_F \sim 3\text{Å}$，這表示電子在晶體內的波長和晶體原子之間的距離相若，也就是數個Å。

④ 微觀理論的線索

當初創建微觀理論，總要先有一些可靠的線索，才能找到下手的地方。

線索之一是：各種金屬的晶體結構不同，性質也相差甚遠，可是超導行為卻十分相似。這顯示超導現象的發生，必源於一個相同的作用模式。線索之二是：物體由常態變為超導體時，每個原子或電子所分配到的凝結能十分微小，小到只有10^{-9}至10^{-7}eV[註5]。這和原子核與其周圍電子之間的作用能常在數個eV至數十個eV的範圍相比，實在微不足道。線索之三是：當溫度T下降到T_c時，在極窄的溫度範圍內（大約只有10^{-3}K），常態金屬就轉變成超導體。這顯示金屬內的自由電子只要到達臨界溫度，立即全面進入某種規律的新狀態。倘使轉變過程是慢慢地由金屬內部擴展到全體，那麼物相變化的溫度範圍必定不會這麼窄！

以上的線索，都是由實驗證實。但是無法據以斷定超導作用發生的原因。於是人們想到超導現象的發生，也許和電子與晶格點陣的振動（所謂聲子）[註6]之間的交互作用有關。對於常態金屬，晶格點陣的振動會散射導電的自由電子，產生電阻。但在絕對零度下的情況可能不同。英國物理學家富律里希（H. Fröhlich）深信這種可能，他於1950年初曾試圖用這種電子與聲子交互作用的觀念來解決超導體問題，但沒有成功。不過他得到同位素效應（isotope effect）的結論：超導體的臨界溫

度T_c和晶體原子的質量M之平方根成反比，即$T_cM^{\frac{1}{2}}\sim$常數。差不多當這個結論由富律里希公佈的同時，同位素效應已由馬可斯威爾（E. Maxwell）和雷諾茲（C. A. Reynolds）等人分別證實。他們拿質量為199.5和203.4的兩種汞同位素做實驗，發現前者的T_c值是4.185K，後者則為4.140K，和$T_cM^{\frac{1}{2}}\sim$常數的關係相當吻合。

同位素效應確認了超導作用發生的原因是自由電子和聲子的交互作用。這個結論極端重要，它是一條關鍵性的線索，為創建超導體的微觀理論立下標竿，使其後的人認清了方向，努力尋求突破。

⑤ 古柏電子對

在1955年，巴汀寫了一篇評論當時超導體研究現況的文章，大概他感覺到超導體的答案已「呼之欲出」，因此立意對超導體的研究，準備重新展開攻擊（to renew the attack）。那時古柏本來和楊振寧一同做研究，巴汀邀請他參與研究超導體。此人的表現果然不凡，在只有一年的時間裡，他就提出古柏（電子）對（Cooper pair）的觀念，一舉突破超導體問題最大的難關，抓住了建構超導體微觀理論的重點。古柏電子對的構想非常巧妙。我們在前一節中說過，當溫度降到絕對零度時，金屬的自由電子都匯聚在費米海中，能量都不超過E_F，動量的大小都在p_F（$\hbar k_F$）以下，這是一個平靜的環境。那時還不知道是什麼形式的電子交互作用，會產生超導現象。是多個電子之間的關聯造成的嗎？依照古柏的說法，他覺得常態金屬中的自由電子是完全獨立的，那麼在超導體裡，讓二個電子透過聲子相互影響，應該是一個不錯的試探起點。於是他假設在寧靜的費米海面上，額外增加二個電子。因為費米海中沒有任何空位，

依照鮑利的互斥原理，這兩個電子必須停留在費米海面以上，參看圖C。而他們的動量和能量應當都比海中任何電子的動量和能量來得大些。

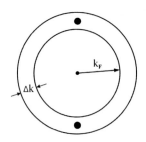

圖C　半徑為k_F的球體是費米海，額外增加的兩個電子（●）在海面之上。它們會透過聲子的交換而相互吸引。Δk是電子波向量的變化範圍，其值約為k_F的萬分之一。

　　針對這樣二個電子的系統，古柏用簡明的量子力學方法處理，結果他發現這兩個電子之間若有相互吸引的情事發生，不論吸引的力道是如何微小，都會形成一個束縛態（bound state），其總能量比兩個電子原有的能量之和為低。在束縛態的兩個電子，就構成所謂古柏對。這個結果相當重要，因為它顯示費米海中靠近海面的電子也不穩定，也都傾向形成總能量較低的束縛態電子對。大量電子對的出現，便是超導作用發生的緣由。

⑥ 電子和聲子的交互作用

(1) 電子對的形成
　　古柏電子對都是由費米海面附近的自由電子形成，因為在費米海面附近，所以這些電子的能量和費米能E_F相差很小。現在我們先解釋電子對形成的過程。

當溫度$T > T_c$時，在晶格點陣中自由運動的電子，常會受到晶格點陣振動（聲子）的散射，而損失動能。這正是電阻發生的原因。但是低溫的情況不同。例如在絕對零度下，晶格點陣已停止振動，散射電子的作用不復存在，可是位於費米海面附近的電子，差不多仍然以費米速度$v_F \left(E_F = \frac{1}{2} m_E v_F^2 \right)$在「飛行」。

我們想像：飛行中的一個電子，在某一「區塊」吸引周遭帶正電的離子，向這區塊集中，於是就形成一個「正電區」。此時，若附近恰有另外一個電子經過，該電子當然會受到正電區的吸引，其效應宛如前後兩個電子之間的相互吸引，於是形成電子對。

由於離子的質量遠大於電子的質量，所以離子的慣性大，移動得慢。當眾離子有最大位移，或者說正電區的強度達最大時，第一個電子已跑到和正電區有一段距離。這樣看來，兩個電子的相互吸引，有時間落差。而兩個電子之間的距離，便可想像成電子對的大小，或者說是協合長度。這個長度，皮帕以ξ表示，是超導體的一個重要參數。各種金屬的協合長度不同，有的可達1μm左右。這一點在第四篇中已有所敘述。

(2) 動量和能量的變化

以上的說明相當於借助庫倫定律來解釋電子對的形成。但從電子的動量和能量變化來看這個問題，或許更為基本。

假設第一個電子的動量為$\hbar \vec{k}_1$。在絕對零度下，這個電子和晶體相撞（相當於上述吸引多個正離子相互靠近形成正電區），放出一個動量為$\hbar \vec{q}$的聲子給正電區的離子（相當於電子的動量減少，正電區各離子的動量增加）。若此時恰有一個動量為$\hbar \vec{k}_2$的電子經過正電區附近，它就會吸收第一個電子放出

的聲子（也就是受到正電區的吸引，使經過附近的電子動量增加）。結果是第一個電子的動量從$\hbar\vec{k_1}$變為$\hbar\vec{k_1}-\hbar\vec{q}$；第二個電子的動量從$\hbar\vec{k_2}$變為$\hbar\vec{k_2}+\hbar\vec{q}$。

總體看來：兩個電子在碰撞前的動量之和是$\hbar$（k_1+k_2），碰撞後的動量之和仍是$\hbar$（k_1+k_2）。這個過程叫做動量不滅，參看圖D及圖下的說明。

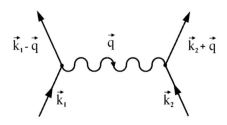

圖D　$\vec{k_1}$和$\vec{k_2}$表示二個電子的波向量。當第一個電子吸引晶格離子時，等於給了晶格點陣一個聲子，這聲子的波向量為$\vec{q}$，所以第一個電子的波向量變為$\vec{k_1}-\vec{q}$。同理，第二個電子被正電區吸引，等於接受了一個聲子的波向量$\vec{q}$，所以第二個電子的波向量變為$\vec{k_2}+\vec{q}$。若這兩個電子是一個古柏對，那麼$\vec{k_1}=-\vec{k_2}=\vec{k}$。

可是能量呢？能量不一樣。以上面說的第一個電子為例：假設這電子在放出聲子之前的能量為E_1，放出之後的能量為E_1'。若聲子的角頻率是ω_q，聲子的能量就是$\hbar\omega_q$。看起來能量也應該守恆：$\Delta E_1 = E_1 - E_1' = \hbar\omega_q$，這是古典的觀念。實際上並非如此。因為第一個電子放出聲子後，一直到聲子被第二個電子吸收前的一段時間極短。如果把這段時間叫做Δt，依照測不準原理，$\Delta t \Delta E \geq \hbar/2$。由於$\Delta t$很小，所以能量是不守恆的。使能量不守恆的聲子叫做虛（virtual）聲子，這一變化過程叫做虛過程。依照計算，只有當$\Delta E < \hbar\omega_q$時，兩個電子之間才有相互吸引的情事發生，才有可能形成電子對。

前面說過，富律里希曾試圖透過電子和聲子的交互作用去解釋超導現象而沒有成功。不過那時他已了解「適當的」電子聲子交互作用是超導現象發生的關鍵。像金、銀、銅等都是眾所周知的優良導電體，可是在低溫下這些金屬卻不能呈現強度夠大的電子聲子交互作用，所以不能成為超導體。倒是一些在常態時不怎麼出色的導體，如汞、鉛、錫之類，反而能在低溫下表現出有效的電子聲子交互作用，故為「優良的」超導體。金、銀、銅等優良導體，為什麼不能變成超導體，在早期這是一個令人困惑的問題。後來從電子聲子的交互作用強度去了解，疑問就渙然冰釋。

⑦ 超導體內電子對的作用

(1)電子對集中在費米海面附近
電子對的活動範圍都聚集在費米海面附近，這可由電子的動量變化來考量，也就是由波向量的變化來考量。根據測不準原理，可設 $\Delta p_x \Delta x \sim \hbar$。令 Δx 和電子的協合長度 ξ 相近，故 $\Delta p_x \sim \frac{\hbar}{\xi}$。或者 $\Delta k \sim \frac{1}{\xi} \sim 10^4 cm^{-1}$。因為 $k_F \sim 10^8 cm^{-1}$，所以 $\Delta k/k_F \sim 10^{-4}$。這表示k的變化範圍只佔 k_F 的萬分之一，只能算是費米海面上一段很短的距離。

由於半徑為 k_F，厚度為 Δk 的球殼體積和半徑為 k_F 的球體積之比，差不多就是 $\Delta k/k_F$。由此可知在1 mol原子或電子($N_A \sim 10^{23}$)中，只有 $10^{-4} \times 10^{23} \sim 10^{19}$ 個會在費米海面附近形成電子對，會使金屬呈現超導作用。其餘在海面之下深處的電子（對），沒有足夠的動量變化 Δp 把它們激發到海面上來。因此我們說，產生超導作用的電子對，都集中在費米海面附近。

(2)電子對在超導體內作用的真相

　　我們已知道，在兩個電子透過聲子的交互作用之前和之後，它們的動量之和都是 $\vec{P}=\hbar(\vec{k}_1+\vec{k}_2)=\hbar\vec{K}$。當 $\vec{P}$ 之值不等於零時，金屬中的電子只有一小部份能形成動量為 $\vec{P}$ 的電子對。圖 E 表示兩個位於厚度為 Δk 的球殼內的電子，其動量相加為 $\vec{P}$ 的情形。而對應的波向量 $\vec{k}_1$ 和 $\vec{k}_2$ 必須落在圖中小影線區之內。影線區表示兩球殼相交的橫截面，將之以 $\vec{P}$ 為軸旋轉半週，即得二球殼的交集環。只有動量或波函數落在環中的一對電子，才可能合成動量 $\vec{P}$。很顯然，落在環內的電子，只佔全數的一小部份。

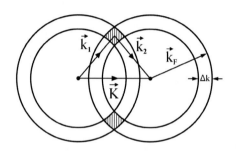

圖E　欲使二電子的動量 $\vec{k}_1$ 和 $\vec{k}_2$ 之和有定值 $\vec{K}$（暫且省略 $\hbar$），則 $\vec{k}_1$ 和 $\vec{k}_2$ 的末端必須落在上下兩個小影線區內。將影線區用 $\vec{K}$ 向量作中心軸旋轉，那麼影線區會產生一個狀如手鐲的圓環，這圓環便是圖中兩個費米海面上厚度為 Δk 的二球殼之交集區。如此看來，只有佔全數一小部份的電子能滿足此條件。然而若令 $\vec{K}=0$，即 $\vec{k}_1=-\vec{k}_2=\vec{k}$，則將使配成動量之和為 0 的電子對數目大增。這是形成最多穩定電子對數目的必要條件，也是超導體內實際的狀況。

　　然而任何系統的穩定條件都要求這系統的能量保持在最低。以電子對來說，每個電子對的動能是 $(\vec{P}\cdot\vec{P})/[2(2m_e)]$，其最小值為零，即 $\vec{P}=\hbar(\vec{k}_1+\vec{k}_2)=0$，或 $\vec{k}_1=-\vec{k}_2=\vec{k}$。若每個電子對都能滿足此條件，而且兩個電子的自旋方向相反，整個超

導體的能量才是最小。此時圖E中的兩個圓球的球心重合，二球歸一。這時候形成電子對的數量最多，總能量也會達到最低。倘使把電子的上旋和下旋分別用符號↑和↓表示，那麼成對的電子對態（pair state）就應該用符號$(\vec{k}\uparrow,-\vec{k}\downarrow)$表示。

　　透過聲子的交互作用（如圖D所示），一個電子對可從對態$(\vec{k}\uparrow,-\vec{k}\downarrow)$變為$(\vec{k}'\uparrow,-\vec{k}'\downarrow)$，再經過一次和聲子的交互作用變為$(\vec{k}''\uparrow,-\vec{k}''\downarrow)$，⋯，就這樣不停地進行著。但$\vec{k}$值的變化$\Delta k$只在一個小範圍之內，而範圍的上下限並不是很敏感的數字（參看圖F）。電子因不具辨識性，所有配成對的電子，像一對一對的舞者，不停地透過聲子做著輪換舞伴的動作，場面十分熱鬧。整體金屬就像一個「大原子」，內含眾多不停運作的電子對。這光景，正可以和孤立的原子中角動量量子化的電子循特別軌道運轉的情形相比擬。

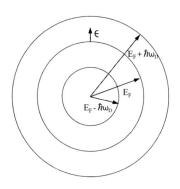

圖F　此圖假設費米海是一個半徑為E_F的圓球。靠近海面附近一層薄球殼內的電子對，不斷地透過虛聲子的交互作用，在眾多對態$(\vec{k}_i\uparrow,-\vec{k}_i\downarrow)$之間進進出出。這些電子對活動的上、下限，並不是嚴格判定的界限，以能量表示分別為$E_F\pm\hbar\omega_D$。ω_D是狄拜（Debye）角頻率，約為$10^{12}\sim10^{13}$Hz，所以$\hbar\omega_D\sim10$meV，遠小於E_F之值。圖中的ϵ是從E_F起算的電子動能。

此種集體運作的狀況，大概就是電子對在超導體內行為的真相。根據本篇註2，按照質點的自旋量子數之和為整數或半整數，依次可以區分為玻斯子和費米子。電子對兩個電子的自旋方向既然相反，故量子數之和為0，而且所有電子對都可假定佔據相同的能階。這樣看來，電子對宛如一個「分子」或一個質點，所以電子對應該屬於玻斯子。其實並不盡然，因為兩個電子相距太遠了，難以看作一個質點或分子，電子對兩個電子之間的區域裡（協合體積ζ內）存在的其他電子（對）數目，應該以10萬計吧[註7]！

(3) 沒有電阻的超導電流

以上討論的是在平衡狀態下的超導體。假設利用電磁感應的方法，讓每一個電子對在相同方向獲得額外的動量$\hbar\vec{K}$，或者說每個電子都得到速度$\vec{V}$，那麼電子對兩個電子之動量將由$\hbar\vec{k}\uparrow$和$-\hbar\vec{k}\downarrow$分別變為$m_e\vec{V}+\hbar\vec{k}\uparrow$和$m_e\vec{V}-\hbar\vec{k}\downarrow$。將二者相加，可得電子對的總動量$2m_e\vec{V}=\hbar\vec{K}$，或$\vec{V}=\hbar\vec{K}/2m_e$。

因為導體中的電流密度$\vec{J}=\rho\vec{V}$，ρ是單位體積裡面的電荷。如果單位體積中有n個電子對，那麼$\rho=2ne$，故$\vec{J}=ne\hbar\vec{K}/m_e$。或者說，超導電流密度$\vec{J}$與電子對的動量$\hbar\vec{K}$（或波向量$\vec{K}$）成正比。

在常態金屬內，運動中的自由電子會受到晶體聲子的散射產生電阻。可是在超導狀態下，虛聲子會媒合自由電子形成古柏電子對，但不會散射電子對的個別電子而誘發電阻，所以超導電流是由在量子化狀態的電子對傳導。然而這些電子對都可以看作是聚集在相同的一個能階，故除非外來的破壞力夠大，它們是不容易受到影響的。因此，只要電流密度$\vec{J}$的大小能保持在臨界值J_c以下，便沒有電阻出現。就是基於這個原理，才使得在環路中的超導電流能夠持續流動，經過多年都不衰減。

⑧ 基態的波函數。

　　從以上的說明，可知超導體就是一個內含眾多量子化了的電子對系統。前面說過，這系統就像一個孤立原子中角動量量子化的電子系統。所以超導體常被看作是一個「大原子」。在絕對零度下，這大原子就是處於基態。

　　用量子力學方法處理相對簡單的個別原子系統，不是太難的事。像古柏處理兩個電子透過聲子的交互作用，求解兩個電子的薛丁格方程式，能夠得到具體的結果。而今面對的是在一摩爾原子中，數目高達約10^{19}個自由電子的大系統，倘使把古柏的方法，推廣用在這個電子對數目龐大的系統上，顯然是沒有甚麼希望的。

　　用量子力學方法解決質點系統問題，必須先確立質點系統的薛丁格方程式。照附錄A中的解釋，薛丁格方程式是由系統的漢彌頓算符和波函數構成。對於超導體這樣龐大的系統，BCS採用簡約的（reduced）漢彌頓算符。所謂簡約的漢彌頓算符，就是只考慮電子對中兩個電子的動能，和這兩個電子透過虛聲子的交互作用而致相互吸引的位能，不計其他因素。有了簡約的漢彌頓算符，剩下的問題是要找到適當的波函數。

　　甚麼樣的波函數才能配合簡約漢彌頓算符，以解決超導體問題，是BCS當年所面對的另一個大難題。解決這個難題的是BCS三人中的施瑞夫。那時施是伊利諾大學的研究生，巴汀是他的指導教授。據施瑞夫說，他想到眾多（約10^{19}個）電子對態$(\vec{k}_i\uparrow, -\vec{k}_i\downarrow)$都和某一個對態$(\vec{k}\uparrow, -\vec{k}\downarrow)$被佔據[即電子對入駐$(\vec{k}\uparrow, -\vec{k}\downarrow)$]或被空出[即電子對由$(\vec{k}\uparrow, -\vec{k}\downarrow)$離開]的事件相當，然而這種事件必和其餘眾多對態在同一時間被佔據或被空出的事件之間沒有甚麼關聯。有關聯的應該是所有對態平均被

佔據或被空出的機率具有相同的表示方式。這是重要的統計觀念。依據此觀念，施瑞夫寫出簡潔而容易運算的波函數。他利用簡約漢彌頓算符，配合新找出的基態波函數[註8]，算出下面這些具體的重要數據：每個電子對態平均被佔據和被空出的機率；電子對之每個電子的能隙參數Δ_0；每一個電子的總能量$E = \sqrt{\epsilon^2 + \Delta_0^2}$；單位體積內電子由常態變為電子對的凝結能$E_{cd} = -\frac{1}{2}N(0)\Delta_0^2$。E式中的$\epsilon$是從$E_F$起算的電子動能（參看圖F）；$E_{cd}$式中的$N(0)$是在$E_F$處（或$\epsilon = 0$處）自由電子態的密度[註9]。

施瑞夫的成功，攻克了BCS理論的最後一道難關。不久之後，他們就提出超導體的微觀理論，文章發表在1957年底出版的物理評論（Physical Review）期刊上。

⑨ 基態的激發

處在基態的超導體，電子都以古柏對的形式存在。但是在費米海內部的電子對，因為不會受到聲子的影響，所以可看作安然無事。但在海面附近一層薄殼內的電子對，會受到聲子或外加輻射的影響而有所變化。

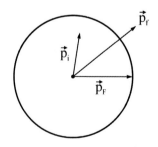

圖G　在絕對零度下，動量為$\vec{p}_i = \hbar\vec{k}_i$的電子被激發到$\vec{p}_f = \hbar\vec{k}_f$。$p_i = |\vec{p}_i|$和$p_f = |\vec{p}_f|$可以無限接近。對應於$\vec{p}_i$和$\vec{p}_f$的動能分別為$E_F - \epsilon_i$和$E_F + \epsilon_f$。

倘若電子對受到溫度為T（0＜T＜T_c）時晶體聲子的激盪或外來較強輻射的照射，部分電子對會被拆散而有所謂準電子（quasi-electrons）或準質點$^{(註10)}$出現，這種現象叫做激發（excitation）。

說明基態電子對的激發，最好拿常態電子作對照。圖G是常態金屬的價電子在絕對零度下被激發的情形：所有自由電子都聚集於費米海內。如果有一個動量為$\vec{p_i}$的電子受到激發變為$\vec{p_f}$，其對應能量的變化必為$E_f - E_i = (E_f - E_F) + (E_F - E_i) = \epsilon_f + \epsilon_i$，而$\epsilon_f$和$\epsilon_i$可以任意小。換句話說，只需耗費些微的能量，就有機會把電子從費米海面以下激發到海面以上去。故電子的能量在海面內外可以看作和E_F是連續的。

可是超導體電子對的激發不同。首先我們要給這種激發下個定義：超導體在對態$(\vec{k}\uparrow, -\vec{k}\downarrow)$的激發是指$\vec{k}\uparrow$實實在在地已被一個電子佔據，而$-\vec{k}\downarrow$則是的的確確地空著。這樣的狀況就叫做在$(\vec{k}\uparrow, -\vec{k}\downarrow)$的激發。完成這樣的激發所需的能量可以算出，恰為$E = \sqrt{\epsilon_1^2 + \Delta_0^2}$。

那麼拆散一個基態電子對所生的兩個準電子，必定會在$(\vec{k_1}\uparrow, -\vec{k_1}\downarrow)$和$(\vec{k_2}\uparrow, -\vec{k_2}\downarrow)$各形成一個激發態。由此可知拆散一個基態電子對所需的能量必為$E_1 + E_2 = \sqrt{\epsilon_1^2 + \Delta_0^2} + \sqrt{\epsilon_2^2 + \Delta_0^2}$。即使$\epsilon_1 \sim \epsilon_2 \sim 0$，或者說$(\vec{k_1}\uparrow, -\vec{k_1}\downarrow)$和$(\vec{k_2}\uparrow, -\vec{k_2}\downarrow)$都在費米海面附近，仍然至少要耗費$2\Delta_0$的能量，才會把電子對拆散。這$2\Delta_0$就是在絕對零度時的能隙。也就是說，以頻率為f的輻射照在超導體上，則$f \geq 2\Delta_0/h$，才有可能拆散一個電子對，而使兩個電子變為準質點。這情況和常態金屬內個別自由電子的激發迥然不同。

當溫度T介乎絕對零度與T_c之間時，必然會有準電子和古柏電子對同時並存的情況出現，這時的準電子導電和常態電子的導電幾乎沒有區別，自然會有電阻，而超導電子對的導電則沒

有電阻，這就是早期的雙流模型所描述的景象。由此可見早期的雙流說確是具有真知灼見。

⑩ 解決了各種問題

利用基態波函數和簡約的漢彌頓算符，可以算出在絕對零度下每一個超導電子的能量 $\sqrt{\epsilon^2+\Delta_0^2}$，能隙參數 Δ_0 和凝結能 $\frac{1}{2}N(0)\Delta_0^2$，等等。有了基態波函數，便容易修改成溫度 T ＞ 0 時的波函數，因此解決了各種關於弱耦合作用的超導體問題，這就是 BCS 的微觀理論。現在把幾個重要結果簡述於下。

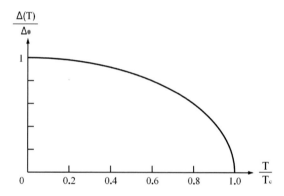

圖 H　此圖表示能隙參數 Δ 隨溫度 T 的變化情形。當 T ＝ 0 時，Δ(0) ＝ Δ₀ ＝ 1.77k_BT_c。當 T ＝ T_c 時，Δ(T_c) ＝ 0。

(1) 能隙參數 Δ 是溫度的函數

當溫度 T 為 0 ＜ T ＜ T_c 時，BCS 算出能隙參數 Δ(T) 和溫度 T 之間的關係是一個解不出的隱（implicit）函數[註11]。這種函數沒有辦法把 Δ(T) 全程（從 T ＝ 0 到 T ＝ T_c）用 T 表示出來，但可畫出 Δ(T) 對 T 的變化曲線，如圖 H 所示。由圖中 T ＝ 0 和 T ＝ T_c 兩個端點，可從解不出的隱函數找到一個能隙 Δ₀ 和臨界溫度 T_c 的關係式

$$2\Delta_0 = 2\Delta(0) = 3.52k_BT_c$$

這是一個適用於各種超導體的通式。當然不會完全精準，因為BCS的理論本來就不是以精準見稱的理論。

我們曾說過BCS理論是適用於弱耦合（weak coupling）超導體的理論。怎樣判定耦合的強弱，請參看註11。註11中的$N(0)V_{int}$就叫做超導體內的電子聲子耦合常數。如果$N(0)V_{int} \ll 1$，便是弱耦合超導體，BCS理論最適用於這種情形。倘使$N(0)V_{int}$並非遠小於1，就必須將BCS理論加以擴充，問題便繁複得多。

(2)比熱對溫度的變化

在溫度T自高處降到T_c時，比熱對溫度有一跳變。從熱力學方法去了解，我們已經知道這個事實（參看第三篇第7節）。用BCS的方法，可以算出這個跳變的量$\Delta C = 1.43C_n(T_c)$，$C_n(T_c)$是當$T = T_c$時電子的比熱。在溫度降到T_c以下時，超導體的比熱於陡然跳升之後，再隨溫度以指數變化的形式迅速下降，如第三篇中圖B所示。

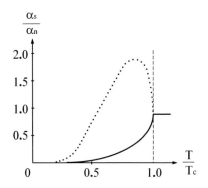

圖1 實線表示超聲波對溫度的衰減變化。虛線表示核磁鬆弛對溫度的變化。α_s是和超導電子在二能階之間的遷移率（transition rate）相關的參數。α_s是$\Delta(T)$的函數，α_n是當$\Delta(T) = 0$時的α_s之值。

(3) 超聲波的衰減

在常態金屬中，晶格點陣的振動所產生的超聲波，會受到自由電子的散射而衰減。自由電子的密度愈高，衰減得愈快。當溫度降到T_c以下時，因電子對的形成而使單個自由電子的數目減少，衰減也隨之降低，這是應該的。然而在溫度T降至T_c以下時，衰減量會陡然下落，請參看圖I中的實線。這特別的衰減變化方式，頗為令人費解。BCS的理論可以相當準確地解釋這種由實驗測量出來的現象。

(4) 核磁共振的鬆弛率

我們先解釋一下甚麼是核磁共振（nuclear magnetic resonance, NMR）。帶正電的原子核，像電子一樣，常常會做自旋，產生磁矩（magnetic moment），這種核磁矩就像一個具有兩極的小磁鐵。

現在拿最簡單的氫原子為例。在直流磁場中的氫原子，其核磁矩會以角速ω_L環繞磁場方向之軸旋轉，並且分成兩派：一派的方向和直流磁場的方向平行，另一派方向和直流磁場方向相反。平行的一派能量較低，相反的一派能量則較高。但能量低的一派數目比能量高的稍多些。

所謂核磁共振就是在和直流磁場垂直方向施加一頻率為ω_L的磁脈衝，這脈衝會把能量較低，數目稍多的磁矩方向反轉，變成能量較高的一派。到磁脈衝消失後，這些方向被反轉的核磁矩，會再漸漸地恢復原狀。恢復到峰值的1/e（～37%）所需的時間，便被定為鬆弛（relaxation）時間。

氫原子核從能量較高的位置回落到能量較低的位置，當然會有能量釋出。但釋出的必須不是向外傳播的輻射，而是會散佈到周遭物質中的熱能。除了氫以外，其他多種物質也會產生核磁共振。主宰金屬核磁共振鬆弛率（快慢）的一個因素是自

由電子。自由電子的密度愈大，鬆弛率愈高；反之反是。然而對於超導體，當溫度T降到T_c以下時，自由電子的數目因形成電子對而減少，照理說鬆弛率應該逐漸降低。可是量測的結果，並不是降低，而是先行增加一倍，然後才慢慢地下降（參看圖I中的虛線）。這種「反常」的現象，只有BCS的理論，才能從電子對的「干涉」效應，予以明確的解釋。

以上所述超聲波的衰減和核磁共振鬆弛率的增加兩種實驗，差不多和BCS理論同時公諸於世。故這兩種實驗可以看作是給了BCS理論正確無疑的有力佐證。

此外，超導體理論對於直流磁場的完全抗磁（梅斯納效應）也提供了很自然的說明。而透入深度λ和協合長度ξ等參數，依照BCS的方法，無一沒有圓滿的解釋。

⑪ 結語

由當初幾種金屬之同位素效應實驗的結果[註12]，使得1950年以後研究超導體的人們，深切明白超導現象的發生是源於金屬中自由電子和晶體離子振動（聲子）之間的交互作用。

古柏發現：如果晶體中的兩個自由電子透過虛聲子的交互作用會相互吸引，不論吸引的力道是如何微弱，在臨界溫度以下的自由電子就會形成所謂古柏電子對。這是BCS理論的第一大突破。因為晶體內的兩個自由電子確有相互吸引的情事發生，和一般認為兩個電子必然互斥的印象迥然不同。

BCS理論的另一重大突破，是在絕對零度下基態波函數的建構成功，有了這種波函數，才能施用量子力學方法去計算出超導體的各種參數。前面說過，BCS理論不是一種絲毫沒有誤差的精準理論，而是一種遷就各種理想假設所得的結果，故和許多實際情況接近，但不見得完全吻合。例如BCS算出對各種

金屬超導體，$2\Delta_0/k_B T_c = 3.54$，然而從實驗得到的數字，不過和 3.54「接近」而已，參看表a。由於BCS理論僅適用於弱耦合作用$[N(0)V_{int} \ll 0.2]$超導體，表a中Nb右方各項的偏差，也許正顯示這些材料不盡滿足弱耦合的條件。

表a 各種超導材料的$2\Delta_0/k_B T_c$之實驗數值（約數）。前面五種頗能符合BCS理論，後面五種差異稍大。這應該是耦合常數$N(0)V_{int}$有差別的緣故。

材料	V	Al	Sn	Tl	In	Nb	Pb	Hg	PbIn	PbBi
$\dfrac{2\Delta_0}{k_B T_c}$	3.4	3.5	3.6	3.6	3.7	3.9	4.1	4.6	4.3	4.9

此外，超導現象的發生和材質的晶體結構關係不大，所以依據金屬內最簡單的自由電子行為模式和最簡單的球形費米海（面）模型就涵蓋了多種超導體，從而創立完美的微觀理論，這實在是天地間一件美好的事。

第六篇
穿隧作用

在這一篇裡，我們先說明能隙的測量，再討論約瑟夫遜效應，接著要簡單地介紹量子干涉器，最後一節將略述超導電子技術的應用。

① 能隙的測量

在BCS理論問世後，超導體的能隙[＝2Δ(T)]測量當然是一個重要問題，因為這是對該理論的直接驗證。這工作在1960年由賈艾伏（I. Giaever）首先做出重大貢獻。它所依據的原理，是我們在前一篇中已簡單解釋過的電子穿隧現象。

穿隧體的構造是兩塊金屬之間夾一絕緣層，如圖A(a)所示。這種結構看似簡單，製作時必須依照可靠的方法，才能達到預期的效果。參看圖A(b)和圖下的說明。

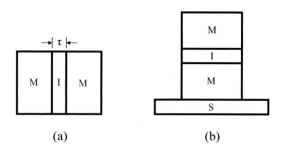

$$(a) \qquad\qquad (b)$$

圖A （a)穿隧實驗結構的示意圖：二金屬(M)之間夾一絕緣層(I)，I的厚度τ～數
十Å。(b)S是支持MIM的基板（substrate），為玻璃之類的平板。製作方
法是在真空中的基板上先沉積一層金屬，然後使之氧化，得到一層金屬
氧化物，當作絕緣層I，最後再於氧化物上沉積另一層金屬，便得MIM
結構。

穿隧實驗可分為NIN，NIS，SIS三種類型。N表常態金屬，
I表絕緣層，S表超導體。為對照起見，現在把三種實驗簡要說
明於下。

(1)常態金屬對常態金屬（NIN）

圖B(a)表示在絕對零度下自由電子的分佈：兩側金屬的
自由電子都在E_F以下，中間隔著一個由絕緣層（寬度為τ～數
十Å）造成的高度為W的能障[W就是金屬的工作函數（work
function），像鋁的E_F～12eV，W～4eV]。兩側金屬內的自由
電子都處於「客滿」的狀態，依照鮑利的互斥原理，沒有空位
（量子態）可以容納多出的電子，所以兩側的自由電子沒有辦
法藉穿隧效應相互交流。

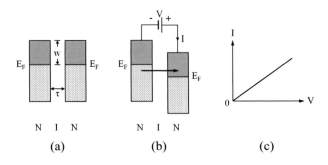

圖B (a)NIN的兩個N區之E_F等高，中間隔著高度為W的能障[此W名為金屬的
工作函數，是把一個自由電子從金屬內拉出來所需的最低能量]，兩側的
電子不會相互交流。(b)加直流電壓V，使左右之位能相差Ve，這時候左
側金屬內在E_F之下的導電電子會面對右側金屬上方的導電帶，故有機會
穿隧而到右側，產生電流I。(c)電流I對電壓V的變化。

　　可是若在兩側之間加上直流電壓V[如圖B(b)所示]，使二
金屬之間有電位差出現，由於電子電荷為負，和負電位相乘得
正，和正電位相乘得負，故二金屬之間的位能相差Ve，如圖
B(b)所示。這麼一來，左側金屬的自由電子將面對右側金屬E_F上
方的「導電帶」（conduction band），於是左側的自由電子就有
機會因穿隧作用跑到右側去。換言之，兩側之間會因施加電壓
而有電流。由於常態金屬的導電帶緊鄰在E_F之上，故只要電壓V
＞0，就有電流出現。電流I對電壓V的變化如圖B(c)所示。

(2)常態金屬對超導體（NIS）

　　圖C(a)表示在絕對零度下導電電子的分佈：左側是超導
體，其中的電子對宛如玻斯子。為簡單起見，假定它們全都匯
聚在費米能階E_F上。每對中的個別電子和其最低激態的距離是
Δ_0。中間是厚度為τ的絕緣層，由它所形成的能障高度為W。
右側是常態金屬，其中的自由電子聚集在E_F之下。因為兩側的

費米能階等高，故彼此之間不可能有電子穿隧通過絕緣層相互
交流。

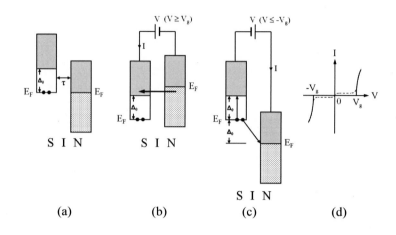

圖C 　(a)超導體(S)和常態金屬(N)二者的費米能階等高，二者在平衡狀態。(b)
　　　在N和S之間施加電壓V，正極在S，負極在N。(c)負極在S，正極在N。
　　　(d)V對I的變化曲線。當溫度T為時，I對V會循虛線變化。

　　現在將逐漸增加的直流電壓V施加於N和S二者之間，V的
參考方向如圖C(b)所示。因為電子電荷為負，和負電位之積為
正，因而使常態金屬(N)的位能逐漸升高。一旦升高至臨界值
$V_g(V_g > 0)$，使$V_g e = \Delta_0$，常態金屬中導電的自由電子就會開始
面對超導體的激態區[參看圖C(b)中自右向左的水平箭頭]，因而
發生穿隧作用，出現電流[以符號I表示，其參考方向如圖C(b)所
示]。電壓V超越V_g後，電流I會迅速增加，如圖C(d)曲線之右半
部所示。量測V_g值，便可決定能隙參數Δ_0。

　　把圖C(b)中的電壓正負極互換，然後逐漸提升電壓值，這
時超導體S的位能亦必隨之漸漸增高，N的位能則相對下降，但

兩者之間沒有電流。一旦電壓降至－V_g，S和N的E_F水平相差達Δ_0時，會有一新的現象發生：每一電子對分裂成二個準電子，一個得到能量Δ_0上升至激態區，另一個失去能量Δ_0下墜，並穿隧抵達N的導電帶底層，且伴生電流。由於整個過程沒有能量的增減，所以這個過程是合理的。參看圖C(c)。

以上的討論是絕對零度下的情形，若溫度T介乎0與T_c之間，則在電壓V介乎－V_g與V_g之間時，必有微弱的電流，如圖C(d)中的虛線所示。不過和在絕對零度下的情形一樣，當電壓V升（降）到$V_g(-V_g)$時，電流才開始陡增，所以量測V_g，仍然會得到能隙參數$\Delta(T) = V_g e$。

(3)超導體對超導體（SIS）

圖D(a)表示在絕對零度下，兩側相同超導體內的電子對都集中在等高的費米能階E_F上，中間隔著一個由絕緣層形成的高度為W、厚度為τ的能障。實際上，這樣的結構便等同約瑟夫遜接（Josephson junction），此接有多種特殊的性質，細節將在下一節裡說明。現在先談能隙的測定。

將一較小直流電壓V施加於二超導體之間，兩者的費米能階必定錯開Ve的距離，但不會有電流出現，參看圖D(b)。將電壓V之值逐漸提高，當到達臨界值$V_G = \dfrac{2\Delta_0}{e}$ 時，電流將陡然增加，量測V_G便可知能隙參數Δ_0的大小。電流增加的原因是超過臨界電壓後，大量電子對會被拆散。分解出來的準電子，將透過絕緣層穿隧到另一側去。詳細的作用過程，可參看圖D(c)和圖下的說明。圖D(d)表示電流I對電壓V的變化[I和V的參考方向如圖D(b)所示]。

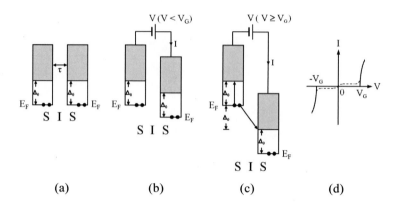

圖D　(a)在絕對零度下，二超導體之E_F等高，電子對在E_F上匯集。(b)加一小電壓V使兩側的E_F出現高度差Ve，但仍無電流出現。(c)當外加電壓$V_G = \dfrac{2\Delta_0}{e}$時，電流會突然上升。(d)電流I對電壓V的變化。

　　當溫度T介乎0與T_c之間時，超導體的激態區中將有準電子出現，那麼電壓V在到達臨界值V_G之前，也會有微小電流出現，如圖D(d)中的虛線所示。同樣在$V_G = \dfrac{2\Delta(T)}{e}$時，電流才會陡增，故量測此$V_G$，可以決定能隙參數$\Delta(T)$之值。

② 約瑟夫遜效應

　　在上一節，我們討論了電子對之能隙的測量，依據的原理是電子對被拆散後，個別準電子的穿隧作用。電子穿隧的原理，已在第五篇中有所解釋，這種現象比較容易明瞭。可是成對的電子（古柏對）本身的尺寸常比能障的厚度大得多（以鋁為例：電子對的「大小」近乎10^4Å，絕緣層的厚度τ也許只有十幾個Å），在遇到位能障壁時，卻也能穿隧而過，這是一種新觀念。電子對的穿隧，是在1962年由約瑟夫遜（B. Josephson）首先預測到的，那時他是劍橋大學的研究生，年紀只有二十二歲。

約瑟夫遜當初考慮的是圖A(a)所示的一種SIS結構，一般稱之為約瑟夫遜接。後來發現許多變通方式的安排（參看圖E），也都有類似的作用，這些通稱為弱連接（weak link）。

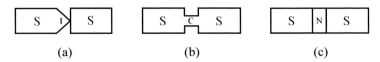

| (a) | (b) | (c) |

圖E　弱連接的三個例子：(a)先將錐型超導體表面氧化，形成絕緣層I，然後使錐之尖端和平面接觸，以二者之間的壓力大小，調整通過的電流。(b)超導體上有一直徑大小適宜的收縮（constriction）。(c)超導體上有一段厚度適中的常態金屬N。將收縮用C表示，以上三者可分別稱為SIS、SCS和SNS結構。

　　約瑟夫遜效應可分為直流、交流兩類。接下來，我們就簡單解釋這兩類效應作用的原理。

(1)直流約瑟夫遜效應

　　圖F表示直流電源和約瑟夫遜接串接的電路。當電流不是很大的時候，通過接上的電流為$i = I_c \sin\Delta\phi$。這式中有兩個重要參數：第一個是I_c，它是約瑟夫遜接的臨界電流。如果電源供應的電流i小於I_c，那麼圖F中左側超導體內的電子對就會穿隧通過絕緣層跑到右側去，而且接之兩端沒有電壓出現。這是電子對的穿隧，和上一節中討論過的電子對被拆散後，準電子的穿隧意義不同。第二個參數是$\Delta\phi$，這是絕緣層兩側超導體內電子對的波函數之相位差。

　　在上一篇中，我們討論古柏電子對時，沒有說到這種電子對的波函數。實際上每個電子對的波函數都是一個形式相同的波包（wave packet），每個波包範圍的大小都近乎協合長度ξ，彼此之間重重疊疊。從這個觀點來看，超導體的宏觀波函數可以寫成

$$\phi(\vec{r}) = |\phi(\vec{r})|e^{i\phi}$$

金司保・蘭道定這種波函數為級量參數（見第四篇第5節）。令圖F上絕緣層左右兩側的超導體之波函數分別為ϕ_1和ϕ_2，而其對應相角為ϕ_1和ϕ_2，故由左至右的相位增加為$\Delta\phi=\phi_2-\phi_1$。

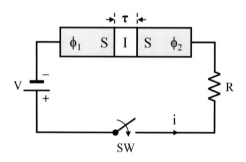

圖F　電路中串聯約瑟夫遜接SIS。ϕ_1和ϕ_2是左右二側的波函數，它們的相角之差$\Delta\phi=\phi_2-\phi_1$決定電子對穿隧電流i的大小。

　　超導體內電子對的穿隧電流，依照絕緣層兩側波函數的相位角之差呈正弦變化，實在是較難想像的一種關係。有人說，這就是約瑟夫遜發表在當時剛創刊不久的物理通訊（Physics Letters）上的原文，把標題寫作「可能是超導穿隧的新效應」（Possible new effects in superconductive tunneling）的原因，顯示出他自己也沒有十分的把握。半年之後，美國人安得生（P. W. Anderson）和羅威爾（J. M. Rowell）用實驗證明約瑟夫遜的觀念正確。它們的報告發表在物理評論通訊（Physical Review Letters）上，標題是「大概是約瑟夫遜超導穿隧效應的証實」（Probable observation of the Josephson superconductive tunneling effects），用probable對possible這好像是故出幽默。

　　圖A(a)所示之三明治型約瑟夫遜接的電流對（直流）電壓變化關係如圖G(a)所示。當接之兩端沒有電壓(V＝0)時，卻有電流$i=I_c \sin \Delta\phi$存在。這是由電子對穿隧產生的電流，也就是所謂直流約瑟夫遜效應。只要$i<I_c$，此情況可以一直穩定地維持

下去。倘若調高電路上的電流i，一旦i之值到達I_c，電壓便在極短時間內沿虛線跳升到曲線上的P點。這條曲線上所標示的電流是由電子對崩解後的準電子穿隧通過約瑟夫遜接形成，所以常稱為準電子電流。電流自P點沿曲線先降至零，然後電壓也由V_G復歸原點，電流再恢復到i。完成一周循環，所需時間極短，不過數十至數百微微(10^{-12})秒。

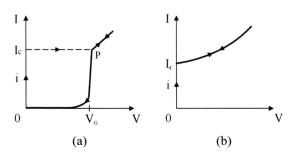

(a)   (b)

圖G   (a)圖F中之穿隧電流由i增加到I_c時，電壓會跳升到P點；降低電流，電壓即由V_G回到0點，穿隧電流i再現。像這樣一循環，即表示有滯後現象發生，這種滯後即代表熱耗。(b)表示圖E(a)之弱連接的I對V曲線。電流升高到I_c後，電壓出現；降低電壓，又循原路回到I_c。沒有滯後作用，當然也沒有熱耗。

在一循環過程中，若把電流為i時當作「0」，跳到P點時當作「1」，那麼約瑟夫遜接就是一個邏輯元件，當然可用來建構數位電路。圖G(a)所示之循環，雖有滯後作用（hysteresis）引起的能量耗損，但損失有限。圖G(b)顯示點接觸約瑟夫遜接[參看圖E(a)]的電流對電壓變化：升降循同一路線，故沒有滯後現象，因而也不會有能量的耗失，似乎是很理想的電路元件。

(2)交流約瑟夫遜效應

以上說的直流約瑟夫遜效應是：SIS結構之絕緣層(I)兩側間沒有電壓，但有電子對穿隧電流通過。因沒有電壓，所以也不

需耗費能量去維持電流。現在的問題是：在絕緣層兩側間施加直流電壓V_a，結果會怎樣呢？關於這一點，從約瑟夫遜的理論可推得一個關係式，此式表示絕緣層兩側波函數的相位差$\Delta\phi$對於時間的變化率和V_a成正比[註1]。而相位差$\Delta\phi$和時間t之間最簡單的關係可以寫成$\Delta\phi = \frac{2e}{\hbar}V_a t$，或者$\Delta\phi = \omega_a t$，角頻率$\omega_a = \frac{2eV_a}{\hbar}$。因此通過約瑟夫遜接的電流為$i = I_c\sin\Delta\phi = I_c\sin\omega_a t$。由此可知，當一直流電壓$V_a$加在約瑟夫遜接上時，就會出現頻率為$f_a\left(= \frac{\omega_a}{2\pi}\right)$的交流電流。這個現象，叫做交流約瑟夫遜效應。因為$\omega_a = \frac{2eV_a}{\hbar}$，即使直流電壓$V_a$小到只有$1\mu V (= 10^{-6}V)$，頻率$f_a$也高達$10^9$Hz，這是微波頻率。將$V_a$提升到1mV，$f_a$就落在紅外線區了。

若從能量觀點來看，一個電子對的電荷(2e)經過電位差V_a，這電子對必定獲得動能$2eV_a$。我們知道，金屬中的自由電子受到電壓（場）的加速，所得到的能量必然會消耗在和金屬晶格點陣碰撞的過程中。現在電子對並不和晶格碰撞，所以只能以輻射的方式把能量消散出去。單個量子的能量為$hf_a = \hbar\omega_a$，這種能量當然可用儀器測量出來。在此作用下的約瑟夫遜接，恰似一個產生電磁波的振盪器（oscillator），這是交流約瑟夫遜效應必然會有的表現。

約瑟夫遜在他的原始文章中曾提出一個觀察交流效應的方法：在直流電壓V_a之外，再於接上施加一高頻交流電壓$V_m\cos\omega_m t$（用角頻率為ω_m的電磁波照射約瑟夫遜接，就會在接上因感應而產生$V_m\cos\omega_m t$），也就是說加在接上的總電壓為$V_a + V_m\cos\omega_m t$。前面說過，絕緣層兩側的相位差$\Delta\phi$對於時間的變化率和接上的電壓成正比。依據這個原理，可以算出[註2]通過約瑟夫遜接上的電流和時間的關係是一個無窮級數。級數的第n項（假定n為正整數）為

$$I_n\sin[(\omega_a - n\omega_m)t + \Delta\phi_0]$$

由於 $\omega_a = \dfrac{2eV_a}{\hbar}$，所以當外加直流電壓 $V_a = \dfrac{n\hbar\omega_m}{2e}$ 時，級數的這一項就和時間t無關。故在 n＝0，1，2，…各點，或者說外加直流電壓 $V_a = 0$，$\hbar\omega_m/2e$，$2\hbar\omega_m/2e$，…時，電流為直流，如圖H中的垂直實線段所示。但這種垂直實線段所展現的脈衝式電流，不容易測量出來。在適宜的條件下，能夠測量出來的是圖H中橫向虛線表示的所謂沙皮婁階梯（steps），由沙皮婁（S. Shapiro）早在1963年首先發現。沙氏做實驗採用的微波頻率為12GHz，相鄰梯級之間的電流差約0.5mA，梯寬$\left(=\dfrac{\hbar\omega_m}{2e}\right)$ 將近25μV。

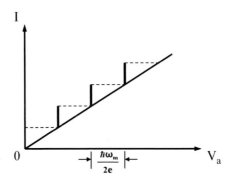

圖H　約瑟夫遜接SIS之絕緣層I的厚度約在20Å上下。若I的面積為1mm$_2$，則二超導體之間的電阻R約為數歐姆。故當電壓V_a出現時，接上除了穿隧電流，還有直流電流V_a/R。本圖即表沙皮婁階梯狀的電流。

利用電壓V_a和外加在接上的交流電壓之頻率ω_m成正比的關係，可以做出標準電壓（standard volt），是校正電壓計的一個很精確的標準，準確度遠遠超過古早的方法。

③ 磁通的量子化和量子干涉器

在這一節裡，我們先解釋超導體環路中的電流在環內所生的磁通是量子化的，像原子中的電子繞原子核旋轉時，其角動

量是量子化的情形一樣。所以超導體內全部電子對就是處在一個巨大的穩定量子態（quantum state），和單一電子在原子中繞原子核處於一個穩定的量子態運轉，有相同的意義。

　　接下來，要說明量子干涉器的作用原理。量子干涉器和光學中兩個同源狹縫光束在適當條件下，發生干涉作用的情形類似，是一種巧妙而有用的超導體構造。

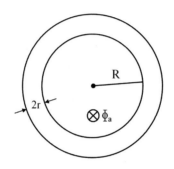

圖1　超導環內之半徑為R，環自身的半徑為r。假定透入深度λ≪r。若環中有n個磁量子，即$\Phi_a = n\Phi_0$，則波函數繞環路一周之相角變化必為$2n\pi$。

(1)磁通的量子化

　　在圖1所示之超導體環路中，若有直流電流出現，必在環中產生磁通量。朗登（F. London）早年曾預測這種磁通量是量子化的，他算出一個磁量子（fluxon）等於h/e。那時因不知超導現象源自電子對，認為超導作用來自個別的電子，所以電荷是e。後來古柏發現電子對，方知電荷單位是2e，因而磁量子$\Phi_0 = \dfrac{h}{2e}$ $= 2.07 \times 10^{-15}$Wb，簡單地說或許這就是一根磁力線。一根磁力線的磁通量相當眇小。舉個例子：地球表面的磁通密度大約是2×10^{-5}Wb/m^2，那麼在和地球磁場方向垂直、邊長為10μm的正方形面積上穿過的磁通量差不多就和一個磁量子相當，所以說數值是相當地眇小。

圖I所示之超導體環路中的電子對循環路運動時，所有電子對都是同相的，經過很長的距離也不改變，像步伐一致的整隊士兵，穩定地前進。這是在宏觀物體中一種巨大的量子行為。當環路自身之半徑r遠比透入深度λ為大時，可以證明一個十分有趣的關係：若環內出現n根磁力線，或者說n個磁量子，也就是磁通 $\Phi_s = n\Phi_0$，則電子對之波函數繞環路一周的相位角變化 $\Delta\theta$ 必為 2π 的n倍，即 $\Delta\theta = 2n\pi$[否則，電子對的波函數繞環旋轉就不是單值（single-valued）函數了。這違反量子力學原理]，當然也可以說環路的周長必為電子對波長的n倍。例如：若環內出現4根磁力線，則電子對的波函數相角變化必為 8π，這就相當於環之周長恰為電子對波長的4倍。此種關係，是用電磁學方法推算出來的。我們在這裡跳過演算過程，只把結果拿來說一說。

以上的說明可以總結為：環路中的超導電流在環內產生的磁通量，只能是 Φ_0 的整數倍，不可能有任意的數值出現，這就是磁通的量子化。可是若有外加的磁場出現，而外加磁場被圍在環路內的磁通量（用 Φ_a 表示）並不是量子化的，所以也不會是 Φ_0 的整倍數。下面要討論的量子干涉器，就是針對這種情形。

(2) 量子干涉器

圖J是量子干涉器（SQUID）[註3]的示意圖。直流量測電流I自上方流下，然後等分成左右兩路，各有電流 $\frac{1}{2}I$ 流經完全相同的約瑟夫遜（弱連）接A與B，再從下方匯合流出。只要 $\frac{1}{2}I$ 比弱連接之臨界電流 i_c 為小，全程當然都是超導電流，即 $\frac{1}{2}I = i_c \sin\Delta\phi$，$\Delta\phi$ 是電子對波函數經過弱連接的相角變化。在這種狀況下，兩支電流在環內產生的磁場，必相互抵銷，所以環內不會有磁通出現，和環路中的超導電流在環內產生磁量子的情形完全不同。這是很重要的一點。

其次要說的是圖J中兩個相同弱連接A和B之臨界電流i_c要比環路自身的臨界電流為小。因此環路上如由於外加磁場之故而有感應電流$i(<i_c)$出現，環路會產生完全抗磁，抵銷外加的磁場。但是環路所能產生的最大抗磁通量也不會超過Li_c，L是環路自身的電感，簡稱自感（self-inductance），其值通常甚小[註4]。例如$i_c \sim 10\mu A$，則可能使$Li_c \ll \Phi_0$。在這種情況下，自感效應可略而不計。進入環內的磁通量也就是外加的磁通量Φ_a。很顯然，Φ_a不是量子化的。

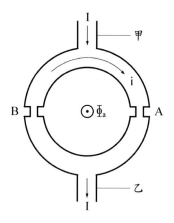

圖J　A和B為相同的弱連接，長度可略而不計。外加磁通Φ_a出現時，環中有感應電流i，同時波函數繞環路一周所產生的相角變化為$\Delta\theta = 2\pi\dfrac{\Phi_a}{\Phi_0}$，所以繞環路半周的相角變化為$\pi\dfrac{\Phi_a}{\Phi_0}$。自上而下流過左半環和右半環的電流分別為$\dfrac{I}{2}-i$和$\dfrac{I}{2}+i$，而前者所經過的相角變化為$-\pi\dfrac{\Phi_a}{\Phi_0}+\Delta\phi$，後者所經過的相角變化則為$\pi\dfrac{\Phi_a}{\Phi_0}+\Delta\phi$，$\Delta\phi$是超導電流穿過弱連接A和B時增生的相角。

由前述磁通的量子化，可知環上的超導電流在環內產生的磁通量$\Phi_s = n\Phi_0$，而繞環路一周的電子對波函數相位角變化為$\Delta\theta = 2n\pi$。所以$\Delta\theta = 2\pi\dfrac{\Phi_s}{\Phi_0}$。同樣利用電磁方法，可以證明：圖J的環路上相角變化$\Delta\theta$和外加於環中的磁通Φ_a之間也有相同

的關係：$\Delta\theta = 2\pi\dfrac{\Phi_a}{\Phi_0}$。因為$\Phi_a$不是量子化的，$\Delta\theta$自然也不是$2\pi$的整數倍。

我們在這裡要說的是：參照圖J下方的說明，透過簡單的代數演算，可以導出[註5] 量子干涉器的量測電流

$$I = I_M \sin\Delta\phi$$

而$I_M = \left| 2i_c\cos\left(\dfrac{\Phi_a}{\Phi_0}\pi\right) \right|$就是干涉器的臨界電流。此臨界電流為外加磁通$\Phi_a$的函數，這是由於左右兩支電流，因外加磁場的出現，而致相位不同所生的干涉效應使然。

關於干涉器的作用，可以這樣簡單地說：當外加磁通Φ_a有變化時，臨界電流I_M亦隨之變化。而電流的變化，可從圖J上甲、乙兩點之間的電壓變化顯示出來。因此，依據電壓的變化，便能判定Φ_a的變化。所以在這裡干涉器本質上就是把微小磁場變化轉換成用電壓來顯示的靈敏器件。

以上討論的是假定自感磁通Li極端微小，將其略而不計所得到的結果。事實上，Li對量子干涉器的影響常須和外加磁通一併考量，這會使問題變得十分繁瑣，詳細內容就不是在這裡能夠討論的了。

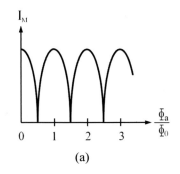
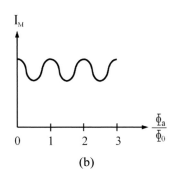

(a)　　　　　　　　(b)

圖K　(a)$I_M = \left| 2i_c\cos\left(\dfrac{\Phi_a}{\Phi_0}\pi\right) \right|$的圖形，臨界電流$I_M$隨$\dfrac{\Phi_a}{\Phi_0}$變化。(b)實際上的臨界電流$I_M$不可能有零值，但有起伏而已，且週期與圖(a)相同。

圖K(a)是不計Li時I_M對Φ_a的變化，即I_M的最大值為$2i_c$，最小值為0。這是因為量測電流I自上往下流，方向恆為正，所以I_M不可能為負。

另外，當Li被納入考量時，I_M對Φ_a的變化如圖K(b)所示，雖然周期沒改，但I_M的最小值便不復為0。

包含兩個弱連接的干涉器是最簡單的，和兩個同源狹縫光束產生干涉的情形相當。若將多個相同的弱連接以等間隔並聯，則干涉效應所顯示的臨界電流I_M對Φ_a的變化輪廓，必更清晰，使得磁通的判讀也更為準確。

④ 超導電子技術的應用

約瑟夫遜接的問世，開啟了超導電子技術的新紀元。之前，人們只知道利用超導體可以產生高強度的磁場，用於電力的傳輸，則可減少熱量消耗的損失（因為沒有電阻）。約瑟夫遜效應的發現，大大地擴張了超導體的應用範疇。特別是高溫超導體的出現，更加速了這方面的進展。目前雖然有許多項目都還處於研究發展階段，但在不同領域所展現的一些出色應用，為數也已不少了。

在這裡，我們要舉出幾個例子來顯示超導電子技術的優越之處。前面已說過，利用量子干涉器，可以測量出極微小的磁場。這一特點，在許多方面有十分重要的應用。尤其對於高溫超導體而言，因為冷媒只需要液態氮，效益更加明顯。

(1) 醫療方面

超導體在醫療方面有許多應用。其一是把多個微小的量子干涉器排成頭盔狀，讓病人戴在頭上，以測量腦部磁場分布的變化。這個方法，名為腦磁術（magnetoencephalography，簡

稱作MEG）。從磁場分布的變化，可以診斷出腦部疾病，如腦瘤、癲癇之類。還有，利用磁場的變化，也可以研究視覺、聽覺、嗅覺、疼痛等作用發生和進行的過程。這些都是借助超導體來做醫療和生理研究的例子。

除了腦部，另外對胚胎的發育、胎兒的心律等，也可從細微的磁場變化，找出不正常的徵候，採取必要措施，減少產下殘障兒的機會。

因為腦部磁場的產生，源自腦細胞之間的脈衝電流，故磁場十分微弱。倘使用傳統超導體，干涉器須置於液態氦中，液氦四周，還要用液氮包圍，體積頗大，干涉器比較不容易貼近腦部。採用高溫超導體製成干涉器，不再需要液氦，情況自然大為改善。

(2) 非破壞檢驗

我們知道，飛機在飛行時經常須暴露於溫、濕度都十分嚴苛的環境中。時間久了，其內部結構是否會因腐蝕而產生局部裂罅，有時不易從外觀看出。拆開檢查，影響太大，而且難以恢復到原來的堪用狀態。現在利用一種產生渦流（eddy current）的設備，在可疑部位借助渦流產生的磁場，進行非破壞（nondestructive）檢驗，用干涉器測量磁場的分佈，常可抓出漏洞所在，及時加以補救，從而避免災難的發生。

(3) 礦藏的探測

利用靈敏的干涉器，可以測量某一地區磁場細微的變化。依據這種資訊，就能對地下礦藏做出判斷。例如石油、金屬、地熱等，都可從地磁的數據，找出端倪。把用此法所得的結論和用他種方法找到的線索比對，當然有助於礦藏開採決策的釐定。

(4) 量測儀器

依照 $V_a = n \dfrac{\hbar\omega_m}{2e}$ 的關係，因頻率$\left(= \dfrac{\omega_m}{2\pi}\right)$是一個可用計數器（counter）精確測得的物理量，倘若式中的常數2e/h有固定的精確數值（國際上曾公定其值為4.835944×10^{14}Hz/V），那麼就可照以上的關係定出標準電壓。另一方面，如果電壓和頻率都具有高準確度，由以上關係式所決定的e對h之比值當然也是準確的，準確的程度遠非用其他方法決定的數值所能及。

其次是測量磁場的磁力計（magnetometer）。用干涉器做成的磁力計，能準確地測出一個一個的磁量子，而每個磁量子的大小只有2.07×10^{-15}Wb。若採用環路面積為1cm^{2}的干涉器，當磁通密度為2.07×10^{-11}Wb時，環中即出現第一個磁量子，磁通密度加一倍，環中即出現第二個磁量子，依此類推。

事實上，用干涉器能夠辨讀的磁通變化量，遠在一個磁量子Φ_0的數值之下。就是因為有了如此高靈敏度的磁通測量方法，才能開拓出像腦磁術之類的應用。

另外，還有探測輻射的輻射計（bolometer），其主要元件是感應器（sensor）。當輻射照在感應器上時，因為吸收了輻射的能量，感應器的溫度必上升。為提高輻射計的靈敏度，當然要取對溫度最敏感的材料做成感應器。溫度維持在臨界點的超導體就是對溫度變化最敏感的材料，也就是最理想的感應器。當遠方傳來的微弱輻射照在感應器上時，只要溫度有些微上升，超導體就會脫離超導狀態，出現電阻，作用極為靈敏。波長在20μm以上之紅外線到微波區的輻射，都可用此類輻射計探測出來。

(5) 數位技術

數位技術的「根本」是能產生「0」與「1」的電路元件。在半導體，這種元件是p-n接（p-n junction）；在超導體，如前所述就是約瑟夫遜接。我們知道，當通過約瑟夫遜接上的電流I比接的臨界電流I_c小時，接上的電壓為零，這代表數字「0」；將通過接上的電流增加I'，使得$I+I'>I_c$，那麼接上即出現電壓V，這代表「1」。把I'切斷，電壓又歸零，重回數字「0」（另外還有一個辦法，是不加I'，而用磁場控制I_c，磁場出現，I_c變得比I小，接上出現電壓V，也就是「1」；撤除磁場，I_c又恢復到I以上，重新歸「0」。）。不論採用哪一種辦法，這種從「0」到「1」或從「1」到「0」的互換速率都極快，變換時間可以微微秒(10^{-12}s)計，要比半導體快數十倍至數百倍。這是超導體數位技術的第一大優點。第二大優點是消耗功率極小，比半導體小數十倍到數百倍。

約瑟夫遜接有這些優點，當然量子干涉器也有同樣的優點。那麼利用這兩種元件組合而成的邏輯（logic）電路和記憶（memory）電路，不用說也一定具有相同的優點。所以在1970到80年代美國（以IBM公司為主）和日本等國家曾投入大量人力和金錢進行研究，想做出速度快、熱耗低的高性能電腦，不幸後來竟然沒有成功。據說沒成功的原因之一是傳統半導體技術進步太快，相形之下，超導計算機的魅力大減；另一個原因是要造出可靠的記憶電路，在技術方面還有困難。

目前雖然還沒聽說有超導計算機上市，但這種技術的潛能依然是存在的。

(6) 微波元件

　　用超導體製作的高頻電路元件，可能是超導體應用項目最多的一個領域。尤其是利用高溫超導體做出的各種零組件，像振盪器、濾波器之類，因為沒有熱耗，故品質極佳，大都用在太空通信、雷達之類的系統或精密儀具方面，是近年來超導體研發最為成功的領域之一。因為這類的零件大都用在雷達、通信系統上，其個別功能的解釋，常須先說明系統的需求，比較繁瑣，故此處從略。

第七篇
第II類超導體

　　本篇首先說明什麼是第II類超導體。然後解釋：超導體內渦旋線的結構，超導體對於外加磁場的反應，本身負載電流所受的限制，以及用來製造超強磁場的特有能力等。

　　自從翁尼斯在1911年發現超導現象之後許多年，都沒有人想到超導體還有另外一類。雖然早在1937年俄國的舒布尼可夫（L. Shubnikov）等人在測量合金超導體的磁性時，曾發現有些超導體的殘留磁場太高，但那時總認為是材質不純使然。到了1957年（即BCS理論問世的同一年），俄國人阿布利科索夫用G-L的方法研究超導體，發表了一篇重要論文，從理論上預測到第二類超導體的存在。他把傳統的超導體歸為第I類（Type I），新預測到的叫做第II類（Type II）。後來經過實驗證明，第II類超導體果然存在。

　　第II類超導體有許多特殊又有趣的性質，以下我們就逐項加以介紹。

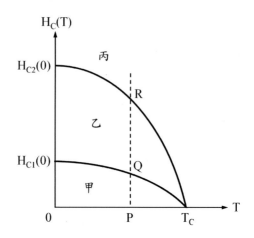

圖A　臨界磁場H_{C1}和H_{C2}隨溫度T的變化情形。甲、乙、丙三區分別表示梅斯納態區、混合態區和常態金屬區。

① 有兩個臨界磁場

　　第 II 類超導體有一個臨界溫度T_c，兩個臨界磁場H_{c1}和H_{c2}，圖A表示H_{c1}和H_{c2}隨溫度變化的情形。H_{c2}叫做上（upper）臨界磁場，H_{c1}叫做下（lower）臨界磁場。而甲、乙、丙三區就是超導體的三種物相區：甲區代表像第 I 類超導體的區域；乙區為第 II 類超導體區；丙區是常態物質，沒有超導作用。

　　在圖A中，從0至T_c之間任意一點P作垂直虛線，和H_{c1}及H_{c2}二曲線分別相交於Q和R點，利用此線可以說明第 II 類超導體的物相變化。假定超導體是長圓柱型，參看圖B。當方向平行於圓柱之軸的外加磁場自圖A中的P點（$H_a = 0$）逐漸向上增加時，在到達Q點之前，超導體會呈現梅斯納效應，完全抗磁，與第 I 類超導體無異，可稱之為梅斯納相態（Meissner phase）區。

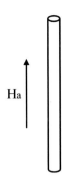

H_a

圖B 外加磁場H_a和細長圓柱的軸向平行，這表示圓柱的去磁因數可以略而不計。為什麼呢？這是由於圓柱可以看做橢圓體，且a≫b，故n→0。參看第二篇圖K的說明。

　　在H_a過Q點之後，超導體圓柱的橫截面上開始出現一個一個均勻分佈的微小渦旋線（vortex line），每一條渦旋線就是一個磁量子。此等渦旋線是由超導渦旋電流環繞磁力線形成。外加磁場愈強，渦旋線愈多，且呈規律的分佈，這就是第Ⅱ類超導體。

　　在磁場強度H_a繼續增加到穿過圖A中H_{c2}曲線上的R點之後，渦旋線就會佈滿超導體圓柱的橫截面，這時圓柱就失去超導作用，變為常態物質。

　　由以上的說明，可見第Ⅱ類超導體在隨外加磁場自零點增加時，會經過開始（H_{c1}）和結束（H_{c2}）兩個臨界磁場：下臨界磁場H_{c1}通常很小，而上臨界磁場H_{c2}則極高。兩者之間巨大的差異，正是第Ⅱ類超導體一個很有用的特徵，後面還會談到。

② 混合態。

　　上節說明在外加磁場強度H_a介乎H_{c1}和H_{c2}之間時，即當H_{c1}＜H_a＜H_{c2}時，第Ⅱ類超導體之橫截面上有超導區和微細的渦旋線同時出現，這就叫做混合態（mixed state）。

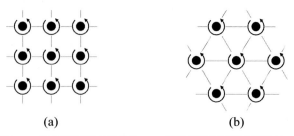

(a)   (b)

圖C　(a)渦旋線呈正方形分佈。(b)渦旋線呈等邊三角形分佈。

　　處在混合態的超導體，其渦旋線之間雖然相互排斥，但有一定的分佈規則。阿布利科索夫當年曾算出一般第 II 類超導體之渦旋線的分佈應呈規則的正方形，就像許多等距離的縱向平行線和同類的橫向平行線垂直相交，而每一個交點就代表一個渦旋線的位置，參看圖C(a)。可是後來發現，除了少數特殊情形，渦旋線的常態分佈不是正方形，而是規則的等邊三角形，因為等邊三角形分佈具有較低的能量，所以可使超導體更為穩定。等邊三角型的分佈如圖C(b)所示。

　　在1967年，艾斯曼（V. Essman）等人將粉末狀的鐵磁物質散佈在與外加磁場方向垂直的第 II 類超導體之橫截面上，然後放在電子顯微鏡下觀察，證實渦旋線呈等邊三角形分佈的預測是正確的。這種規則的分佈，常被稱為阿布利科索夫點陣（lattice），或六角密積（hexagonal close-packed）點陣。

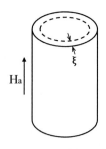

圖D　表面超導區域的厚度約為超導體的協合長度ξ。

③ 表面超導現象

　　以上兩節的說明是不考慮超導體表面上的效應所得的結論。倘若外加磁場H_a（方向和導體旁側表面平行）從較高磁場強度值逐漸降低時，可以發現在H_a遠比H_{c2}為高之處，超導體的旁側表面附近，即約在深度為一個協合長度ξ的範圍內（參看圖D），便開始有超導作用出現。這個局限在第Ⅱ類超導體表面附近的超導現象，其臨界磁場定為H_{c3}。根據理論計算，可知H_{c3}大約等於$1.7H_{c2}$。也就是說，當H_a在超過H_{c2}約70%的地方，表面超導現象就開始發生了。圖E所示是H_{c1}、H_{c2}和H_{c3}三者隨溫度T變化的情形。

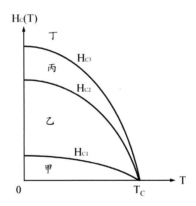

圖E　H_{c1}、H_{c2}、H_{c3}對溫度T變化的三條曲線將第Ⅱ類超導體分成甲、乙、丙、丁四區。甲為梅斯納區，乙為混合態區，丙為表面超導區，丁為常態金屬區。

　　消除表面超導現象的方法是在超導體表面上鍍一層常態金屬，以防制電子對在超導體的表面處形成。不過值得一提的是：鍍在超導體表面上的常態金屬，也會被超導體內的電子對滲入，這叫做鄰近效應（proximity effect）。滲入的深度定為$ξ_n$，$ξ_n$叫做常態（normal）協合長度。

另外還要補充一點：前述圖A和圖E都只是示意圖，並沒有按實際的比例繪製。以有名的第 II 類合金超導體Nb_3Sn為例：在溫度T＝4.2K時，H_{c1}為1.6×10^4A/m，而H_{c2}則高達1.8×10^7A/m。

④ 磁化與磁通的對比

　　在本節中，我們將理想化的第 I 和第 II 兩類超導體的磁化和穿過超導體的磁通量做個對比，以了解個別的性質。在這裡我們也是姑且假定外加磁場的方向與長圓柱型（或薄板狀）超導體之中心軸的方向平行。這是探討此類問題的典型模式，因為這樣可以不用顧慮去磁效應。

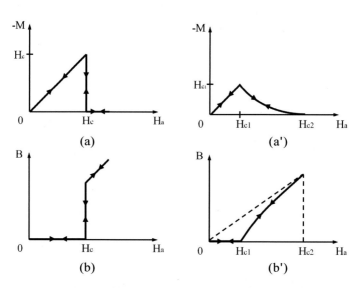

圖F　(a)和(b)分別表示第I類超導體磁化量和磁通密度對外加磁場H_a的變化；
　　　(a')和(b')分別表示第 II 類超導體磁化量和磁通密度對H_a的變化。

　　對於第 I 類傳統超導體，當外加磁場H_a比臨界值H_c為低時，因完全抗磁之故，所以磁化量M＝$-H_a$。更由於超導體內

部沒有磁通量，故磁通密度B＝0。但當$H_a > H_c$時，磁通密度B與H_a成正比。圖F(a)和(b)。

對於第 II 類超導體，在外加磁場強度H_a比H_{c1}為小時，亦有完全抗磁，故磁化量為M＝－H_a，和第 I 類超導體相同。但當H_a超過H_{c1}後，超導體進入混合態，開始出現渦旋線，所以磁化作用之值－M不復與外加磁場H_a相等，而穿過超導體的磁通密度B亦隨H_a的增加而增加，但並非直線關係。在H_a超過H_{c2}之後，渦旋線將佈滿超導體的截面，磁化歸零，超導作用消失，於是磁通密度B和H_a成正比。參看圖F(a')和(b')。

這裡將兩類超導體並比，可見它們對外加磁場反應的差異。

⑤ 磁力線和磁量子

前面已說過，在混合態的超導體，其渦旋線是一條條相互平行而排列整齊的柱狀線，這線由超導渦旋電流環繞磁力線構成。磁力線是一個古老的名詞，能使人對磁場產生具體的概念。但每一渦旋線中只含一單位（或者說一「根」）磁力線，不多不少，祇有一單位。這樣的一單位磁力線，叫做一個磁量子（flux quantum, 或fluxon），常用Φ_0表示。這件事，在前一章中已經提過。

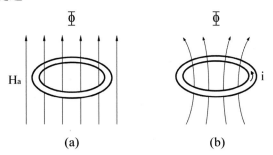

(a)   (b)

圖G　(a)在$T > T_c$時，將超導體環置於磁場中。(b)降溫至$T < T_c$，再移除外加磁場。由(b)中感應電流i所生之磁通量恰與(a)中環內之磁量子數相同。

磁量子是早在1930年代，由朗登首先從理論推算出來。他計算一個環狀超導體中的電流（參看圖G及圖下的說明）所包圍的磁通量是$n\Phi_0$，即磁量子的整數倍（n為正整數）。朗登的磁量子是$\Phi_0=h/e$，有了電子對的認識之後，修正為

$$\Phi_0=\frac{h}{2e}=2.07\times10^{-15}\text{Wb}$$

雖然朗登的推論明確無可疑，但一直都沒有方法觀察到磁量子存在的直接證據。到了1961年，差不多在同一時間，由美國的狄佛（B. S. Deaver）與費班（W. M. Fairbank）和德國的杜爾（R. Doll）與奈保（M. Näbauer）分別以實驗證實磁量子的存在。他們的文章推出的時間幾乎相同，真是很奇巧的事。

狄、費二人用的方法是測量從微細錫管中穿過之磁量子的感應電動勢。電動勢隨管中磁量子的數目呈階梯式的增加，一個階梯代表一個磁量子。

杜、奈二人用的方法是測量極微小鉛管中穿過之磁量子的力矩。力矩也是隨管中磁量子的數目呈階梯式的增加，一個階梯代表一個磁量子。

兩組人測量的效應不同，結論卻一致，這證明磁量子的存在是沒有疑問的。

磁量子和超導體中的電子對相關，因電子對的電荷為2e，所以磁量子的出現，也可看作是電子對存在的直接證據。

⑥ 渦旋線的構造

第 II 類超導體中的渦旋線，在理想狀況是相互平行的管狀結構。以宏觀角度看，宛如一條一條相互平行的圓柱。它們在超導體橫截面上則呈等邊三角形分佈，也就是所謂阿布利科索夫點陣，如圖C(b)所示。

雖然依照阿布利科索夫的判定準則，$\kappa=\lambda/\xi>1/\sqrt{2}$即可判為

第 II 類超導體，但全盤討論第 II 類超導體非常繁瑣，所以我們只選擇κ≫1的範圍來說明渦旋線。在此限制下，問題比較簡單且容易了解。

渦旋線很細小，其結構卻很有特色：若用圓柱座標，則在柱之中心z軸線上是純粹的常態物質，即超導電子的密度$n_s = 0$。自中心向外，n_s隨半徑而增加，在半徑約為協合長度（即$r = \xi$）之處，n_s會達到超導體應有的飽和數值。這是超導電子密度的分佈情形。

另一方面，磁量子的磁通量分佈在圓柱中心z軸線上最大，隨r的增加而逐漸減小，在透入深度（即$r = \lambda$）附近磁通量已很弱，再向外漸近乎零。

至於超導渦旋電流的分佈，大約也在$r = \lambda$附近為最大。

以上三者：超導電子的密度、磁量子的磁通和渦旋電流三者在空間的分佈，略如圖H(a), (b), (c)所示。

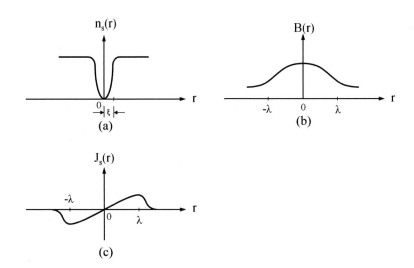

圖H　本圖使用圓柱座標。(a)、(b)、(c)分別表示n_s、B和J_s在空間中的變化。n_s的核心半徑為ξ，B的有效半徑為$r = \lambda$，J_s在$r = \lambda$處數值最大。

一般都是把r＝ξ之圓柱視為渦旋線的核心（core）。須註意的是磁量子的磁通量之分佈範圍，即半徑為λ之圓，遠比超導電子密度的變化範圍或渦旋線核心的範圍為大。就是因為有這種渦旋線中心的常態區和超導區之間的界面能滿足ξ≪λ的條件，才有界面能為負（見第四篇第8節）的情事發生，使得在混合態的第Ⅱ類超導體相對穩定。

傳統第Ⅱ類超導體的協合長度約為數奈米（nm）至數十奈米，而透入深度則在數十奈米至一百多奈米之間。例如純金屬，只有鈮等少數元素是第Ⅱ類超導體，鈮的協合長度約為38nm，透入深度約為40nm。又如Nb_3Sn的協合長度約為3.5nm，透入深度則接近80nm。

和傳統第Ⅱ類超導體相比，高溫超導體的ξ值甚小，而λ則甚大，且二者在溫度T自0K升高到T_c時，以相同的方式隨T變化，所以常合於κ≫1的第Ⅱ類超導體條件。詳見第八篇。

⑦ 上、下臨界磁場

第Ⅱ類超導體的上、下臨界磁場強度H_{c2}和H_{c1}的通式不易推算。只有在極端情況下，才可估算它們的近似式分別為：

$$H_{c1} \sim \frac{\Phi_0}{\mu_0 \pi \lambda^2} \text{ 和 } H_{c2} \sim \frac{\Phi_0}{\mu_0 \pi \xi^2}$$

為什麼呢？因為渦旋線稀疏時，各渦旋線之間沒有交互作用，所以當外加磁場增高到剛過H_{c1}，渦旋線很少，Φ_0可視為均勻分佈在以λ為半徑的圓面上，故磁通密度是$B_{c1} = \mu_0 H_{c1} \sim \frac{\Phi_0}{\pi \lambda^2}$。當溫度升高到接近$T_c$時，超導電子密度$n_s$的數目大減，渦旋線的數目大增，變得擁擠，磁場強度當然接近H_{c2}。此時可把Φ_0看作集中在半徑為ξ的面積上，即$B_{c2} = \mu_0 H_{c2} \sim \frac{\Phi_0}{\pi \xi^2}$。

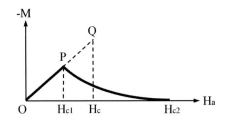

圖I　直角三角形OQH$_c$O的面積與OPH$_{c2}$O的面積相等，且H$_{c1}$＜H$_c$＜H$_{c2}$。

　　這種估計與實際的細算結果H$_{c1}$～$\dfrac{\Phi_0}{\mu_0\pi\lambda^2}\ln(\kappa)$和H$_{c2}$～$\dfrac{\Phi_0}{2\pi\mu_0\xi^2}$有出入。此二式也可分別用簡式H$_{c1}$～$\dfrac{\ln(\kappa)}{\sqrt{2}\kappa}H_c$和H$_{c2}$～$\sqrt{2}\kappa$H$_c$表示。這些都是在極端情況下的簡化公式，並非全面適用。末二式中的H$_c$是在第三篇中介紹過的凝結能之量度參數，特別稱為熱力學的（thermodynamic）臨界磁場，其值介於H$_{c1}$和H$_{c2}$之間，如磁化曲線圖I所示。第 II 類超導體在經過H$_{c1}$和H$_{c2}$時，一定會產生相變，但在經過H$_c$時不會。

　　另外，圖I中的直角三角形OQH$_c$O的面積和由三線段OP,PH$_{c2}$與H$_{c2}$O所圍成的面積OPH$_{c2}$O相等，因為二者所代表的超導體凝結能數值相同。

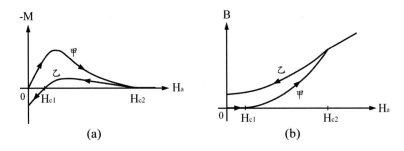

圖J　(a)與(b)分別表示磁化量與磁通密度二者對於外加磁場的增減，會循不同的路線變化，也就是具有不可逆性。甲、乙分別表示-M和B隨H$_a$的升、降變化。

⑧ 磁化與磁滯

前面第4節中已討論過理想超導體的磁化量和磁通密度二者隨外加磁場H_a的變化。當H_a增加時，超導體的磁化量-M和磁通密度B將各描繪出一條曲線，這對應於圖F中各曲線上的向上或向右的箭頭。反之，圖F中各曲線上向左或向下的箭頭則表示在H_a自H_{c2}以上逐漸減少至零的過程中，-M與B二者仍各遵循原來上升的曲線回到原點。凡具有此種性質的超導體，我們說它對外加磁場的反應具有可逆性（reversibility）。

由圖F(a)與(b)，可知第I類超導體對外加磁場肯定具有可逆性。然而第II類超導體對外加磁場的反應則常不具有上述的可逆性，是否具有可逆性的關鍵為：超導體本身是否具有完美的晶體結構。晶體完美無瑕，-M與B對外加磁場的增減就具有可逆性。反之，若晶體內含有他種原子之類的雜質或者晶體結構有缺陷，那麼就不會有對應於圖F(a')和b')的曲線，因為磁化量-M不復具有可逆性。而磁通密度B在H_a減少時，因為有一部份渦旋線殘留下來，不會消失，所以即使H_a降為0，超導體仍保有某一數值的磁通密度。這種現象稱為磁滯作用（magnetic hysteresis）。圖J為表示此現象之示意圖。

總之，第II類超導體不為完美的晶體時，會有殘留的渦旋線出現，所以磁化量與磁通密度皆具不可逆性（irreversibility）。

⑨ 釘著力與釘著中心

因為第II類超導體的結晶有瑕疵，所以在外加磁場歸零後，會有渦旋線殘留下來。這些渦旋線之所以殘留，就是受到釘著力（pinning force）的作用。

釘著力的產生是由於超導體內部有許多釘著中心（pinning center）之故。這些釘著中心的形式不一而足，可能是和晶體本身相異的雜質原子，也可能是晶體本身的結構缺陷（defects），如晶粒之間的界面（grain boundary）、晶體分子排列的錯置（dislocations）、或因晶體原子迷失遺留下來的空位（voids）等等。這類瑕疵形成的釘著中心，都具有較低的能量，所以渦旋線一旦落入其中，就被留住，不容易離開，形成殘磁。

至於釘著中心尺寸的大小，一般認為應在超導體的協合長度ξ之上，或者相若，才會產生釘著作用。此種看似超導體「累贅」的釘著中心，對於利用第II類超導體產生強磁場，卻具有絕對關鍵的功能，這一點後面還會說明。

不過，要想精準控制超導體釘著中心的數目，並非易事。用金屬以冷抽（cold drawing）的辦法做成的第II類超導體線，因內部極不均勻，故其釘著中心的數目甚多。此時若將導線加溫退火（annealing），由於不規則排列的原子數目大為下降，因而釘著中心的數目就會銳減。這或可算是一種控制釘著中心數目的粗糙辦法。

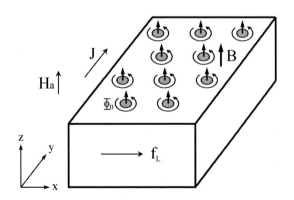

圖K　電流密度J指向＋y軸，磁量子Φ_0指向＋z軸，則勞倫茲力f_L指向＋x軸。磁通密度B＝$n\Phi_0$，n是xy平面上單位面積的渦旋線數。

⑩ 勞倫茲力

假定圖K中的立方體為第 II 類超導體，其置向如正座標所示。若外加磁場H_a的方向順著＋z軸，密度為J的直流輸送電流（transport current）流向＋y軸，則每一根含有磁通量Φ_0的渦旋線都將感受到指向＋x軸的推力。此力稱為勞倫茲（Lorentz）力。當磁場和電流的方向相互垂直時，才會產生最大的勞倫茲力，如圖K所示。倘若磁場和電流的方向並不相互垂直，那麼只有二者相互垂直的分量，會有效地發生作用。

第 II 類超導體上的一根渦旋線（含磁量子Φ_0）垂直於導體中的電流（密度）J時，渦旋線所受的勞倫茲力f_L可以簡單地寫成

$$f_L = \Phi_0 J$$

式中J的單位為A/m^2，Φ_0的單位為 W b，f_L的單位為牛頓/米（N/m）。

倘使在超導體的xy平面上（參看圖K）每單位面積共有n條渦旋線，那麼對應的磁通密度必為$B = n\Phi_0$，因此在單位體積的超導體內，作用於所有渦旋線上的勞倫茲力必為

$$F_L = n\Phi_0 J = BJ$$

在超導體內部和勞倫茲力方向相反的抗衡力量主要有二種：一是我們在前節中說過的釘著力，二是會產生熱能耗損的粘滯阻力（viscous resistance）。以下兩節我們將就這二種力量在不同情況下的作用分別加以解說。

⑪ 完美晶體的粘滯阻力

前面說過，若超導體是完美無缺的理想晶體，就沒有釘著中心出現，因而也不會有釘著力產生。那麼在圖K中，當外加磁

場H_a和電流密度J分別在＋z軸和＋y軸方向出現時，作用於單位
體積的超導體內所有渦旋線的勞倫茲力就是$F_L = BJ$。和此力平
衡的正是粘滯阻力。

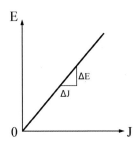

圖L　對於具有完美晶體結構的第 II 類超導體，在磁通、電流與勞倫茲力三者
　　　相互垂直時，因感應而在電流方向產生的電場E與電流密度J為直線關
　　　係。導體的電阻係數就是直線的斜率，即$\rho = \dfrac{\Delta E}{\Delta J}$。

　　當物體在流體中運動時，二者之間必出現摩擦力，或者說
流體對物體會展現出粘滯阻力。這是我們都知道的。同樣的道
理，當渦旋線受到勞倫茲力的作用產生運動時，亦必會受到和
流體施加於運動物體相似的粘滯阻力。這種阻力和渦旋線移動
的速度成正比。在電流和磁通密度皆為定值時，勞倫茲力亦為
定值。此定值的勞倫茲力，和粘滯阻力平衡的時候，渦旋線自
然呈等速運動。

　　大量的渦旋線被勞倫茲力推著同時移動，就形成巨大的渦
旋線流或磁量子流（fluxon flow）。這種磁通的流動，會因粘滯
阻力而產生熱能耗損。此耗損可以由電能轉換成熱能的方式來
解釋：當圖K中的渦旋線朝著＋x軸方向作等速移動時（這和將
渦旋線固定，令載電流的導體朝著-x軸方向移動的效果是一樣
的），依據發電機（右手）定則（right-hand rule），可知導線
中在和J相同的方向會出現感應電場E。因J與E的方向相同，故
二者的乘積EJ就代表超導體單位體積內的發熱功率。

圖L表示電場E與電流密度J是直線關係，這直線的斜率就是超導體的電阻係數。由此可見，凡為完美結晶的第II類超導體內，只要有外加磁場出現，任何與磁場相垂直的電流通過超導體時，都會產生熱能，使溫度增高，進而破壞超導作用。

⑫ 釘著力的作用。

從上節的說明，可知第II類超導體若具有完美的晶體結構，根本不能容許電流穩定地從其中通過，除非有適當的散熱裝置配合，否則溫度升高，超導作用必被破壞。

現在我們考慮釘著力不等於0的情形。釘著力F_P既然不為0，那麼當圖K所示之超導體上有勞倫茲力F_L出現時，F_L和F_P之間就有等於、大於和小於三種可能關係。現在分別說明如下：

(1) $F_L = F_P$

這是臨界狀況。由於$F_L = F_P = BJ$，若F_P和磁通密度B皆為定值，則對應的電流密度為此時超導體的臨界電流密度，用J_c表示。三者的關係為

$$F_P = J_c B = F_L = 常數$$

此關係表示臨界狀態（critical state）[註1]。在沒有傳輸電流出現時，J_c即為抵抗渦旋線增減變化的屏蔽電流密度。

因為某一種超導體的釘著力有固定的數值，由以上的關係，可知J_c與B成反比：當磁通密度為B_1時，臨界電流密度為J_{c1}；把B_1降低到B_2，臨界電流密度必提升到J_{c2}，如圖M所示。

至於J_c和B的數值，則因超導體的不同而異。像金屬Nb也屬於第II類超導體，它的J_c值最高也不過$10A/cm^2$，而對應的B值更遠小於1T；可是用NB_3Sn做的商用超導體，其實際運用的J_c值可達$10^3 A/cm^2$以上，而相伴的B值則超過10T。

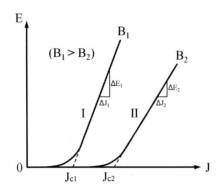

圖M 若圖K中渦旋線的磁通密度為B_1，J之值介於0和J_{c1}之間，則$F_L < F_P$，渦旋線靜止不動。在J_{c1}點，$F_L = F_P$。過了J_{c1}，$F_L > F_P$，渦旋線移動，電場E出現。E對J的變化關係如直線I所示。

若磁通密度為$B_2 < B_1$，J之值介於0和J_{c2}之間，則$F_L < F_P$。在J_{c2}點，$F_L = F_P$。過了J_{c2}，E對J的變化循直線Ⅱ。電阻係數$\rho_1 = \dfrac{\Delta E_1}{\Delta J_1}$，$\rho_2 = \dfrac{\Delta E_2}{\Delta J_2}$，且$\rho_1 > \rho_2$。

(2) $F_L > F_P$

在圖K中，設磁通密度為B_1，電流密度自0升高到J_{c1}時，渦旋線都固定不動。但當電流密度超越J_{c1}後（參看圖M），渦旋線就開始移動，顯示$F_L > F_P$，電場E出現（直線I），渦旋線被二力之差推著行進。此時超導體的電阻係數$\rho_1 = \dfrac{\Delta E_1}{\Delta J_1}$。若把圖K中的磁通密度自$B_1$降低到$B_2$，那麼電流密度在被提升到$J_{c2}$之前，超導體的渦旋線當然也是固定不動。一旦越過$J_{c2}$（見圖M），又出現$F_L > F_P$的情形，渦旋線再動起來，電場亦相伴而生（直線Ⅱ）。這時候，導體的電阻係數$\rho_2 = \dfrac{\Delta E_2}{\Delta J_2}$。把圖M中兩種狀況對比，可見$B_2 < B_1$時，$\rho_2 < \rho_1$，即電阻係數$\rho$隨磁通密度B的降低而降低。

在$F_L > F_P$的情況下，超導體是處在一個發熱的危險狀態，累積的熱能容易把超導系統摧毀，故實用上必須盡力防止這種情況發生。

以上的說明雖然容易了解，但卻與實際的情形有些許差異。實際上，臨界電流J_{c1}和J_{c2}的確切數值，並不是那麼容易判定。圖M中的實線才是臨界電流真正的變化軌跡。關於這種現象發生的原因，見本篇第14節的說明。

(3) $F_L < F_P$

綜合以上的討論，可見在某一固定外加磁通密度B之下，只有當電流密度$J < J_c$，也就是勞倫茲力F_L小於釘著力F_P時，渦旋線才不會受到擾動。在此條件下，輸送電流可以穩定地流過超導體，不須擔心系統的穩定性會受到破壞。利用第 II 類超導體製造強磁場時，這是必須具備的條件。因此尋找高J_c值和高B值的超導體是多年來的一個重要研發領域。目前高溫超導體在這方面已做出不少的成績。

一般說來，釘著力愈強，超導體的載流量愈大，故能產生更強的磁場。但由於古柏電子對的凝結能很小，當電流密度J（$=n_sev_s$）過高時，載電體的動能（簡單估算約為$\frac{1}{2}n_sm_ev_s^2$）會大於凝結能，使古柏電子對瓦解。此時對應的電流密度叫做拆對（depairing）臨界電流。所以電流密度J的提升，也有其限制。

⑬ 製造強磁場

在許多特殊的應用上，需要高強度的磁場。例如磁浮列車、醫療上用的磁振造影（magnetic resonance imaging, MRI）設備、研究微小帶電粒子用的質點加速器、質點對撞機（collider），以及用來研究熱核子融合的各種高溫電漿（plasma）實驗裝置等，都需要高強度的磁場。

用傳統方法製造出的磁場強度，因受導線所生歐姆熱耗的限制，很難超過10個特斯拉(T)。但像維持電漿懸空（因溫度太

高，沒有任何材質做的容器，可以裝盛電漿）所需的磁場強度往往在10T以上，非傳統方法所能勝任。

由於第Ⅰ類超導體的臨界電流和臨界磁場甚小，不是用來做螺線管（solenoid）以產生高強度磁場的合格材料。而第Ⅱ類超導體因為下臨界磁場甚小，上臨界磁場很高，且載流量夠大，所以多年來，它是用以製造超導纜線的唯一選擇。目前高溫超導體在這方面已扮演了非常重要的角色。

和傳統製作電磁鐵的方法相似，超導體必先製成電纜線，把纜線繞成螺管狀，螺管內產生的磁場強度正比於線圈匝數與通過纜線的電流之積。因為第Ⅱ類超導體的材質都容易碎裂，其機械性質迥異於銅、鋁等一般金屬，所以製造電纜線在技術上有其複雜性。

製造超導纜線常用的材料有Nb-Ti合金，以及在晶體學上屬於同一系列的Nb_3Sn、Nb_3Ge、V_3Ga等。這幾種材料的臨界溫度T_c和最大上臨界磁場H_{C2}列於表a。至於臨界電流密度J_c，須取決於釘著力等因素，故不在表中。表a中各材質的臨界溫度都大過液氦的T_c值（4.2K）一倍以上，故以液氦為冷媒時，全都符合工作溫度要在$\frac{1}{2}T_c$（或$\frac{2}{3}T_c$）以下的原則。

Nb-Ti因有較佳的延性，容易製成纜線，向來廣被採用。表a中的Nb_3Sn，在液氦溫度（4.2K）下，能耐得住10^7A/m的磁場強度，工作電流密度更高過10^5A/cm^2。這些都是此材質特有的優越性能。

因為Nb_3Sn等複合物都是容易碎裂的物質，須以銅等金屬為背景母體（matrix）做成複合式的（composite）結構。在直徑不足1mm的電纜線橫截面上，可能規律地分佈著數千根直徑以微米（μm）計的超導體細絲（filament）。參看圖N。

材料	$T_c(K)$	$H_{c_2}(A/m)$
Nb–Ti	9	1×10^7
Nb_3Sn	18	1.8×10^7
Nb_3Ga	20	2.7×10^7
V_3Ga	15	1.7×10^7

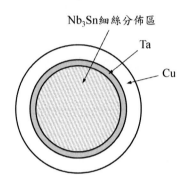

圖N　超導體纜線的橫截面。用銅（Cu）做外殼，內殼以鉭（Ta）製成，防止渦旋線向外移出。超導線以Nb_3Sn在青銅質的母體上做成直徑僅數微米的細絲。如果纜線的外徑在1到2mm之間，Nb_3Sn絲線的數目可以高達500至2000條。

⑭ 渦旋線的蠕動與跳動

　　在勞倫茲力小於釘著力的條件下，超導體是處在平靜的工作狀態。不過有兩種因素常會使系統失去穩定性：一種是渦旋線會受溫度的影響，產生蠕動（creeping）；另一種是渦旋線在特殊狀況下產生跳動（jumping），茲分別說明如下。

　　所謂蠕動，就是緩慢爬行的意思。舉例來說：被拘禁在用第II類超導體製成的中空圓筒內的磁力線（看圖O），會隨時間的增加而慢慢地減少。這是由於磁力線透過筒壁慢慢地「爬」走了。所以用「蠕動」一詞來描述此類的現象，可謂十分貼

切。在此例中，如果變化太慢，蠕動的過程可能無法測出，但磁通的減少卻能量得出來。

　　值得註意的是蠕動效應只有在第 II 類超導體才會發生，因為有渦旋線之故。倘若上述的圓筒是用第 I 類超導體做的，筒內的磁力線就不會發生減少的情事。

　　另一方面，對於一個用第 II 類超導體製作的螺線管，如果工作電流密度接近臨界值J_c，那麼在溫度為T($<T_c$)時，越過能障[或稱熱活化（thermal activation）能][註2]，成束的渦旋線常會由其所佔據的釘著中心，跳到其他釘著中心去。這也是一種蠕動現象。然而渦旋線的跳變，會因感應產生微量的電場，使臨界電流密度減少，如圖M中各曲線段所示。在圖M中，因受渦旋線蠕動作用的影響，下移後的臨界電流密度比較難以決定一個精確的數值。該圖中的J_{c1}和J_{c2}（虛線段）都是假設的隨磁通密度而變化之理想電流密度。

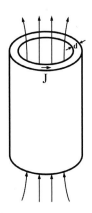

圖O　通過用第 II 類超導體製成的管壁，原來拘禁於管內的磁力線，會隨時間的增加，透過管壁，逐漸「爬」到管外去。

　　超導體的工作溫度愈高，蠕動現象愈盛，系統的穩定性勢必愈差。對高溫超導體而言，這個問題的存在尤為顯著。

第 II 類超導體在工作時常有可能遭遇到的另一種「異象」是跳動。在有電流通過的超導體內，倘若某一微小區域因蠕動作用過了頭，而引發溫度升高，使其變為常態導體，那麼成束的渦旋線可能會「跳」進此區。在渦旋線跳動的過程中，勢必會因感應產生電場。此電場併同電流密度產生歐姆熱耗，使溫度更高，將常態區擴大，於是有更多渦旋線跳入常態區，感應的電場更形增加。此一正回授（positive feedback）現象，將使超導體內部產生許多熱能，最後把系統摧毀。所以在利用第 II 類超導體製造強磁場時，常須避免渦旋線有跳動現象的發生。

　　避免渦旋線跳動有一個很有效的方法：那就是把超導線做成細絲，細到直徑在10μm以下。如前節中所述，這是可以辦得到的。目前傳統超導線的製造商，在這方面已掌握了十分成熟的技術。

第八篇
高溫超導體

　　高溫超導體從發現到如今，已有二十多年的歷史。累積的文獻也十分繁多。在本篇中，我們要從較廣流傳的資料中挑幾個話題，拿來說一說，讓讀者對於高溫超導體有一些粗淺的認識。

① 舉世注目的問題

　　傳統金屬超導體的臨界溫度T_c極低，都在10K以下。創造如此低溫的環境，必須製造液態氦。將分離出來的氦氣再加以液化，成本非常高昂，做個實驗都所費不貲，不要說推廣應用了。這是一方面。

　　另一方面，早年引起科學家好奇的是超導體的臨界溫度為甚麼會如此之低？同樣都是由於金屬晶體中的電子交互作用引起的物態相變，而鐵磁物質之鐵磁性（ferromagnetism）的出現或消失，其臨界溫度可達凱氏數百度[鐵磁物質的臨界溫度常稱居里（curie）溫度]。像鐵的居里溫度就在1000K以上！

　　由於類此的多種原因，所以自從翁尼斯發現超導體之後，尋找具有高臨界溫度超導體的工作就是一個重要的研究課題。BCS理論問世後，研究的方向曾一度集中在鈮和釩（vanadium, V）

的複合物方面（鈮是純金屬超導體中臨界溫度最高的，$T_c =$ 9.3K。釩的$T_c = 5.4$K）。到1973年，加瓦勒（J. R. Gavaler）發現鈮與鍺（Ge）結合的薄膜狀晶體Nb_3Ge，其超導臨界溫度可達23K，比傳統的數值提升不少。在這之後的十幾年裡都沒有什麼新發現，但科學家對這方面的研究工作一直都在進行著。

② 米、白二氏的貢獻

由於從事尋找高臨界溫度材料的人眾多，在1986年之前，曾不只一次有人宣稱他找到了高臨界溫度的超導體，結果都經不起驗證，只是虛驚一場。真正開啟尋找高溫超導體之門的功臣是米勒（K. A. Müller）和白諾茲（J. G. Bednorz）二人，此二人在設於瑞士的IBM公司從事研究工作。他們捨棄眾多人走的路線，重新開闢戰場，把研究的方向改到少有人做過的鑭（lanthanum, La）、鋇（Ba）、銅（Cu）氧化物方面去。這一招果然厲害。在1986年十月，他們首先發表上述三種元素的混合氧化物晶體（化學符號為$La_{2-x}Ba_xCuO_4$，x表示可以調變的數值；另外這符號可簡寫做LBCO）之超導臨界溫度高達35K，此一數值創造了空前的紀錄，當然也帶給世界各地研究人員新的啟示。

因為他們卓越的貢獻，白諾茲和米勒獲得1987年諾貝爾物理獎。從研究的結果發表到得獎，只經過一年的時間。在歷來的得獎者之中，這二人算是打破紀錄的了。

③ 高溫超導體時代的到來

白、米二人的文章發表之後不久，尋找高溫超導體的研究一時間便熱鬧起來。1987年初，在美國阿拉巴馬大學的吳茂

昆等人和在休士頓大學的朱經武等人聯合宣布他們找到了臨界溫度超過90K的超導體。朱、吳等人把LBCO中的鑭代以釔（yttrium, Y），得到$YBa_2Cu_3O_{7-y}$（簡寫作YBCO）的晶體。式中的y值可於適當範圍內調變，使臨界溫度達到90K以上。這是有史以來第一種被發現的臨界溫度在液氮沸點以上的超導體，自然受到舉世的註目。從此一發現開始，算是開啟了高溫超導體的新紀元。

所謂高溫超導體，比較實際的一種判定準則就是：超導體的臨界溫度要在液態氮的沸點，即77K，以上。

在YBCO中的元素釔，若用其他稀土族元素如釹（neodymium, Nd）、釓（gadolinium, Gd）等等取代，也能得到不同的超導體，並且都有相近的臨界溫度值。因為表示此類複合物的符號，如$YBa_2Cu_3O_7$，都代表1個晶體單元[或稱單元晶胞（unit cell）]，而其中有1個Y（或其他）原子，2個Ba原子，3個Cu原子，因此這一系列的超導體或稱「Y123」族群。

到1988年，又發現複合物$Bi_2Sr_2Ca_2Cu_3O_{10}$（可簡寫作BSCCO）的臨界溫度是110K；而$Tl_2Ba_2Ca_2Cu_3O_{10}$[Tl是元素鉈（thallium）的化學符號]的臨界溫度更超過125K（此物簡寫作TBCCO）。在1993年，科學家將TBCCO中的鉈用汞（Hg）取代，得到$HgBa_2Ca_2Cu_3O_{8+z}$（簡寫作HBCCO）。這種新超導體的臨界溫度更在130K以上。到底高溫超導體的T_c上限在哪裡？有沒有可能到達室溫？這方面的臆測不少，但當下還沒有什麼根據可以確切解答此一問題。

由於所有上述的各種高溫超導體中，都有銅的氧化物出現，所以這些材料有個統一的名稱，叫做銅氧系屬的高溫超導體，英文統以cuperate一字名之。

表a所列是數種高溫超導體及其臨界溫度。每一種都代表一個族群（family），且能以通式表之。例如HBCCO的通式是

$HgBa_2Ca_{n-1}Cu_nO_{2n+2+z}$。當n＝1，2，3時，三種超導體的臨界溫度分別為95K，128K和133K。又如BSCCO的通式是$Bi_2Sr_2Ca_{n-1}Cu_nO_{2n+4}$，當n＝1，2，3時，它們的臨界溫度分別為20K，85K和110K[註1]。

表a 　早期發現的幾種高溫超導體的T_c值

材料	T_c(K)
$La_{2-x}Sr_xCuO_4$	38
$YBa_2Cu_3O_7$	93
$Bi_2Sr_2Ca_2Cu_3O_{10}$	110
$Tl_2Ba_2Ca_2Cu_3O_{10}$	125
$HgBa_2Ca_2Cu_3O_{8+z}$	133

④ YBCO的結構。

　　以上說到的各種銅氧系屬高溫超導體，如YBCO，BSCCO，TBCCO等都是由氧化物層重疊疊成的晶體。現在且拿上一節中y＝0時的YBCO，即$YBa_2Cu_3O_7$，做個例子，來做說明。

　　圖A所示是$YBa_2Cu_3O_7$的一個晶胞，圖中不同的圓球表示四種不同的元素，a、b、c表示三個晶軸，參看圖下的說明。依照圖中面的層次來看，疊疊的順序上下是對稱的。此圖的上下排序雖然看似對稱，實際上各元素之間的距離並不盡相同。a軸和b軸的長度都接近4Å，雖然相差不多，但並非全等。而c軸的長度約12Å，遠大於a、b。這些數字都是用x光或中子束繞射技術測量出來的。

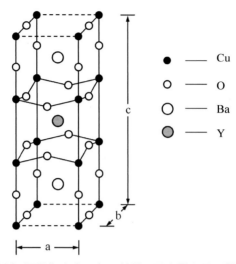

● —— Cu
○ —— O
◯ —— Ba
⬤ —— Y

圖A　這個晶胞以Y原子為中心，上下對稱。最上層和最下層各有二個CuO
　　鏈，第二層和倒數第二層都是BaO面。第三層和倒數第三層都是CuO$_2$面
　　（四邊略拱翹）。晶軸a～b～4Å，c～12Å。此圖可看作由三個圖C所示
　　的單元構成，可是每個單元都不足3個O原子。不過晶胞「內」部確為1
　　個Y，2個Ba，3個Cu，7個O。

　　把圖A所示之晶胞向左右、前後、上下分別以a軸之長的整
數倍、b軸之長的整數倍和c軸之長的整數倍擴充，可以做成巨
大的晶體。這樣的晶體，便是完美無缺的理想單晶結構（single
crystal structure）。

　　除了YBCO以外，其他銅氧系屬的高溫超導體如BSCCO，
TBCCO等，亦各有其不同的晶體結構，並且都是經由單元晶胞
壘聚而成。共同特點是都擁有導電的CuO$_2$層面。圖B是BSCCO
之Bi2212的單元晶胞，Bi2212的定義參看註1。

　　另外，若晶軸a，b，c三者互相垂直，但不相等，即
a≠b≠c，由其代表長、寬、高所做成的六面體，稱為正交
（orthorhombic）結構。當a＝b≠c時，則稱為四方（tetragonal）
結構。由此看來，圖A所示之晶胞，可以說是正交結構，當然

也可算是一種近似的四方結構。不僅如此，這種結構還可看作由上、中、下三個單元晶胞組成，每個單元晶胞是一立方體。中間的晶胞以Y元素為中心，上下兩個都以Ba元素為中心。而每一個單元晶胞都表示一個分子式呈ABO_3的所謂派勞夫斯基礦石（perovskite）模式[派勞夫斯基（L. A. von Perovski）是一位俄國礦物學家。有英文書上說：Perovskite是俄國一個小村落的名字，其地盛產結晶為ABO_3的礦石，因而此種礦石被命名為perovskite。這種說法恐怕是一種附會。]，如圖C所示。自然界多有這種結構模式的晶體材料。不過對於YBCO來說，其中有些「缺氧」。參看圖A下方的解釋。

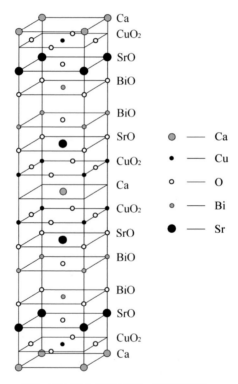

圖B　BSCCO-Bi2212的一個單元晶胞。

在早期YBCO是採用燒結方法（sintering）製成，想做出完美的晶體結構，並非易事。把三種氧化物Y_2O_3、BaO、CuO，以適當的重量混合，使Y、Ba、Cu三種原子數之比為1：2：3。混合後，先磨成細粉，再放入坩堝（crucible）內，在800℃以上的高溫下煅燒。這是做出超導體的第一步。要把品質提升，還須經過反覆加工處理，才能達到一定的水準。過程相當繁複。然而做出的成品並不是「金屬導體」，而是一種陶瓷，質地和日常用的碗、盤等餐具無異，不過YBCO呈黑色。事實上，表a所列的各種高溫超導體都和YBCO類似，也都是陶瓷。因此用高溫超導體來導電，必定會和一般金屬導線之間有高度的不相容性（incompatibility）。這大概是所有人的直覺反應。

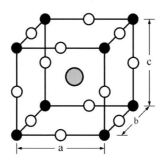

圖C　圖中心的灰球是A原子，8個頂角上的黑球是B原子，十二個稜線上的白球是O原子。故在晶胞「內部」有1個A原子，$\frac{1}{8} \times 8 = 1$個B原子：$\frac{1}{4} \times 12 = 3$個O原子。所以說晶胞之「內」是：$ABO_3$。

⑤ 高溫超導體的非等方性

如果組成某種物體的原子或分子是散亂無序、任意排列的，那麼從不同方向來量測這物體的某種物理量，如電阻率、熱導率、彈性係數之類，結果都相同，我們說該物體的這些物理量具有等方性（isotropy）。

反之，如果組成物體的原子都呈規律有序的晶體結構，那麼它的物理量常具有方向性，沿不同晶軸量測，會得到不同的結果。此時，我們說該物體的這些物理量具有非等方性（anisotropy）。

　　某些金屬晶體，雖然具有非等方性，但沿不同方向量測的數據通常在應用上不會成為一個凸出的問題。可是高溫超導體不同。高溫超導體常具有超高程度的非等方性。以TBCCO為例，它在低溫（例如100K）下c軸方向的電阻率和在a或b軸方向的電阻率之比值，可高達10^5。這簡直是絕緣體對導體的電阻比值。YBCO的對應數字雖然沒有這般大，然而至少也有數十倍之譜。由此可見，非等方性是高溫超導體的一大特徵。

　　除了電阻率以外，其他對應於傳統超導體的各種量度，在c軸方向的數值和在ab面上的數值差異也都甚大，所以都有顯明的非等方性。即使局限在ab面上，沿a軸和b軸方向測得的數據，也並不全同。正如軸之長短不全等是一個道理。以YBCO為例：b軸方向的電阻率比a軸方向的為小。但因相差不多，為簡單起見，視ab面上有同一數值。

　　另外，對於所有高溫超導體，其協合長度ξ都是很小的數值，以Å為單位，多為個位數或兩位數，遠小於透入深度λ，即λ≫ξ。所以$\kappa = \lambda/\xi \gg 1$，因此高溫超導體天然就屬於第Ⅱ類超導體。

　　微小的協合長度ξ雖然使得H_{c2}之值增高（因$H_{c2} \sim \dfrac{\Phi_0}{\mu_0 \pi \xi^2}$），但對高溫超導體中渦旋線的行為却有不良的影响。詳見下面第11節，第四項。

⑥ 高溫超導體的傳導作用

在上一節中，我們說高溫超導體有強烈的非等方性，且在c軸方向電阻率遠比在ab面上的數值為高。因此，高溫超導體在和c軸垂直的ab面上才有明顯的金屬性質，所以導電作用就發生在這種層面上。現在再拿YBCO作例，來做說明。

圖A所示之晶胞，從上到下可以看作由七個層面組成：最上方和最下方是各由二個CuO鏈做成的CuO層面；第二和（由下向上）倒數第二是BaO層面；第三和倒數第三是CuO_2層面；正中間可看作是一個Y原子的層面。參看圖D。

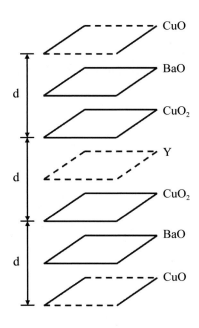

圖D　此為圖A所示之YBCO晶胞的各層面之示意圖。Y原子單獨代表一個層面。只在CuO_2面上才有導電的載電體。圖中d～4Å。

YBCO的導電必和Cu原子有所關連。圖D中第一和第三層（當然也指倒數第一和第三層）分別有CuO和CuO_2出現。然而到底是由CuO鏈還是CuO_2面引起的超導現象？在早年這曾是一個問題。後來因為發現TBCCO的晶體結構中有CuO_2面，可是並沒有CuO鏈存在，但也能成為超導體，因而斷定超導作用的發生和CuO_2層面上的載電體（charge carriers）有關。

　　我們知道：在低溫下幾乎不導電的半導體（如Si）中摻施體（donor）原素（如P），會變成n型（n-type）半導體，其載電體為電子；若摻入受體（acceptor）原素（如Al），會變成p型（p-type）半導體，其載電體為空子（hole）。同樣道理，$YBa_2Cu_3O_6$是絕緣體。摻入負二價的氧原子以後，它會在$YBa_2Cu_3O_7$中以O^{2-}的形式與Cu原子結成CuO。對比圖A和圖D，可見圖D中第一層有二個CuO鏈，第二層為BaO。這兩層的作用是「儲存」由第三層CuO_2面上移過來的電子，剩下空子，所以空子是CuO_2層面上傳導電流的載電體。相同的現象當然也發生在圖D中由下往上的第三個層面上。依照這種解釋，可知YBCO是p型的超導體。

　　除了YBCO，其他銅氧系屬的高溫超導體，也都有類似的作用。像TBCCO，其CuO_2層面上的載電體，當然也會受到控制。可是TBCCO中沒有CuO鏈存在，故儲存電子的作用必由TlO鏈配合執行，功能與YBCO中的CuO鏈相當。表a中的所有超導體，都屬於p型。其它當然也有屬於n型的，如$Nd_{2-v}Ce_vCuO_4$和$LaPr_{1-w}Ce_wCuO_4$之類。

⑦ 成份原素變化對T_c的影響。

高溫超導體的成份原素不是一成不變的。例如$La_{2-x}Ba_xCuO_4$和$YBa_2Cu_3O_{7-y}$二式中的x與y改變時，即表示成份原素有不同的合宜配比（stoichiometry）。晶體組成原素之數量配比不同的時候，物理性質有所改變是必然的。因為兩種「同份異構」物質的物理性質，不可能全然相同。

以$YBa_2Cu_3O_{7-y}$來說，當y＝1時，$YBa_2Cu_3O_6$是不導電的絕緣體，同時也是反鐵磁體（antiferromagnet, 反鐵磁體的定義是：物體內部正向和反向「磁分子」的數目相同，外觀上磁性相互抵銷），而其晶體結構為正四方體，即a、b、c三個晶軸相互垂直，但a＝b≠c。

降低y之值，使$YBa_2Cu_3O_{7-y}$中的氧含量增加。當y自1降至0.6時，$YBa_2Cu_3O_{6.4}$才開始變為超導體。自此以後，y值愈小，也就是晶體中的含氧量愈多，臨界溫度T_c之值也愈高。在y值降到0.05附近時，$YBa_2Cu_3O_{7-y}$的臨界溫度達最大值約93K。y值再減少，T_c大致不變，一直到$YBa_2Cu_3O_7$。

在超導狀態的YBCO晶體是正交結構，上節討論$YBa_2Cu_3O_7$時已說過。即圖A中的三個晶軸a、b、c相互垂直，但a～b≠c，和被視為正四方體的$YBa_2Cu_3O_6$略有不同。$YBa_2Cu_3O_{7-y}$的臨界溫度T_c隨y之值自1至0逐漸減少而變化的情形，約如圖E所示。

至於$La_{2-x}Ba_xCuO_4$，也和$YBa_2Cu_3O_{7-y}$相似。例如當x＝0時，La_2CuO_4是不導電的絕緣體，也具有反鐵磁性。若在此絕緣體內摻入正二價的Ba原子以取代正三價的La，結果就像在半導中註入受體元素，使CuO_2層面上的載電體成為空子。當x＝0.06時，$La_{1.94}Ba_{0.06}CuO_4$開始變為超導體，和$YBa_2Cu_3O_{7-y}$在y＝0.6時開始變為超導體的情形相似。

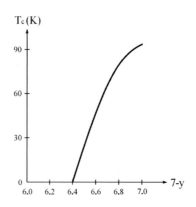

圖E YBa$_2$Cu$_3$O$_{7-y}$之T$_c$對7－y的變化。y＝1為反鐵磁體，y＜0.6為超導體。在y～0.05時，T$_c$有最大值93K。

氧的含量使超導體之T$_c$值達最高時稱為適量（optimally doped），超越適量稱為過量（over doped），少於適量稱為低量（under doped）。所以高溫超導體含氧的成份，有三種可能。集合這三種可能作成溫度對含氧量的變化曲線，便可得到高溫超導體的另一種物相變化圖。依據此圖展示的物相變化區域去了解高溫超導體，為探討此類材料性質的一種手段。

⑧ 非等方的物理量

由於高溫超導體具有強烈非等方性，所以它們的費米面不復為圓球，像第五篇中圖B所表示的那樣。因而使得各軸向的有效質量（effective mass）互異。簡單地說：載電體的質量在a、b、c三個晶軸方向必須以不同的m$_a$、m$_b$、m$_c$表示。

什麼是有效質量？有效質量是指晶體中的導電質點在受到電場或磁場的作用時，它們的運動會因周圍其他帶電質點的影

響而生的一種效應。在單純狀況下,從數學演算的結果,對照牛頓第二定律,可以清楚地看到這一點。

由於有效質量不同,所以各軸向的透入深度λ_a、λ_b、λ_c和協合長度ξ_a、ξ_b、ξ_c也都不會相同,因為它們都與對應的有效質量相關。而臨界磁場常取決於透入深度λ和協合長度ξ,故對應各晶軸方向的臨界磁場亦必互異。

既然所有高溫超導體都屬於第 II 類超導體,故都有上下二個臨界磁場。即沿a、b、c三晶軸方向的上下臨界磁場分別為H_{c1}^a、H_{c1}^b、H_{c1}^c和H_{c2}^a、H_{c2}^b、H_{c2}^c。由於高溫超導體多屬於四方結構晶體(YBCO接近四方晶體),因此和ab面平行的各種物理量如H_{ci}^a和H_{ci}^b(i=1,2)都視為相同,共用H_{ci}^{ab}(i=1,2)表示。其他如λ和ξ等亦分別用λ_{ab}、ξ_{ab}代表$\lambda_a=\lambda_b$和$\xi_a=\xi_b$之值。

H_{ci}^{ab}和H_{ci}^c(i=1,2)都是λ、ξ的函數。而λ、ξ都隨溫度T自0K向T_c增加而增加,所以臨界磁場H_{ci}^{ab}和H_{ci}^c(i=1,2)也都是隨溫度變化的函數,即使在絕對零度,臨界磁場也會視超導體內含氧量為低量、適量或過量而定。像YBCO的$\xi_{ab}(0)$數值約在10Å至30Å之間,$\xi_c(0)$約在2Å至6Å之間。$\lambda_{ab}(0)$和$\lambda_c(0)$也各有它們的變化範圍。假若一處文獻上說:YBCO的$\xi_{ab}(0)=16$Å,$\xi_c(0)=4$Å;$\lambda_{ab}(0)=1500$Å,$\lambda_c(0)=6000$Å;$\mu_0 H_{c1}^{ab}(0)=0.18$T,$\mu_0 H_{c1}^c(0)=0.72$T;$\mu_0 H_{c2}^{ab}(0)=240$T,$\mu_0 H_{c2}^c(0)=60$T,這些都祇能算是一組代表性的數值。

BSCCO或其他高溫超導陶瓷材料,都和YBCO的情形類似。

某一物理量在ab面上的數值和在c軸方向的數值兩者之比值,叫做非等方比(anisotropy ratio),若用 Γ 表示,則常有如下的關係式

$$\Gamma = \frac{\lambda_c}{\lambda_{ab}} = \frac{\xi_{ab}}{\xi_c} = \frac{H_{c2}^{ab}}{H_{c2}^c} = \frac{H_{c1}^c}{H_{c1}^{ab}} = \left(\frac{m_c}{m_{ab}}\right)^{\frac{1}{2}} \, , \, m_{ab}=m_a=m_b$$

⑨ 平行和垂直渦旋線

　　高溫超導體的導電層面既為圖D所示之CuO_2層面，由於此面和ab面平行，故簡稱為ab面。圖F所繪是一層ab面的示意圖。圖中前端（甲）代表平行於ab面的一條渦旋線之橫截面，其核心是長、短軸分別為ξ_{ab}和ξ_c的橢圓，而磁量子Φ_0的分佈區亦為長軸等於λ_c短軸等於λ_{ab}的同心橢圓。

　　圖F上方（乙）畫的是與c軸平行的渦旋線之核心（半徑為ξ_{ab}）和磁量子分佈區（半徑為λ_c）的橫截面，兩者都呈正圓形。

　　前面說過，將YBCO的單晶胞朝著上下左右前後各方向擴展，便得到理想的單晶體。在單晶體中各晶胞之CuO_2層面橫向相鄰，它們自然地聯接成整個晶體的CuO_2層面。若上下相鄰的各CuO_2層面之間的距離$d \ll \xi_c$，那麼各層面上之c軸方向的渦旋線跡近相互串聯（參看圖G），形同傳統第II類超導體中的渦旋線分佈，這當然是屬於三度空間（three-dimensional, 3D）的問題。反之，如果上下各層面之間的距離$d \gg \xi_c$，使得各CuO_2層面之間幾乎沒有關聯。這種情況下的超導體，就像是彼此獨立的超導平板用絕緣層逐一隔開，這是屬於二度空間（two-dimensional, 2D）的問題。

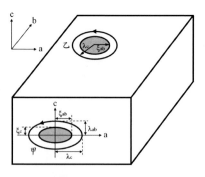

圖F　和ab面平行的渦旋線之橫截面為橢圓（甲），平行c軸之渦旋線的橫截面為正圓（乙）。

在3D超導體中的渦旋線上下連成一條，和傳統第 II 類超導體中的渦旋線幾乎沒有差別。但在2D超導體中不同，像圖G中各層的渦旋線如果失去上下串聯作用，那麼在受熱後它們會「熔解」（melting），也就是說同層的各渦旋線段之間不復有連繫，於是各自獨立形成閉封的渦旋線環（loop）。

關於成束的渦旋線熔解的意義，將在下一節中再說明。

在這一節裡，我們用$d \ll \xi_c$和$d \gg \xi_c$來區分3D和2D超導體，是比較簡略的做法。嚴格的判定準則是以$\xi_c = \frac{d}{\sqrt{2}}$作為分界點。$\xi_c > \frac{d}{\sqrt{2}}$時屬於3D問題，$\xi_c < \frac{d}{\sqrt{2}}$時屬於2D問題。2D或3D的區分並不是絕對的，因為ξ_c隨溫度T的升降而升降。像YBCO在溫度T靠近T_c（～90K）時，本為3D超導體，但當T降至約80K以下時，便屬於2D範疇了。

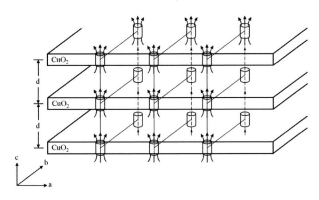

圖G　平行於c軸的矮柱狀渦旋線分佈情形。這些渦旋線分佈在每一個CuO_2層面上，兩個層面之間是厚度為d的絕緣層。

⑩ 異常的混合態區

混和態區就是第 II 類超導體物相圖上H_{c1}和$_{c2}$兩條曲線之間的區域，參看第七篇圖A。在傳統第 II 類超導體，因為臨界溫度低而且協合體積ξ^3相對較大，所以全部混合態區幾乎都是穩定的

工作區域。但在高溫超導體不同，高溫超導體的T_c值高，而協合體積又特別小，使得混合態區只有一部份能成為負荷超導電流的工作區，其餘則有電阻出現。這種現象可從不同物理效應的展示去了解。

(1)不可逆線

混合態區由不可逆線（irreversibility line）分成上下兩部份，上方是可逆區，下方是不可逆區，如圖H所示。決定不可逆線的方法大概是這樣：在沒有外加磁場的狀況下，先把YBCO單晶體或單晶薄膜降至極低溫，然後在c軸方向施加磁場H_1（＞H_{c1}）。接下來把溫度T慢慢地升高，同時測量YBCO的磁化率χ之值並畫出χ對T的變化曲線。

在溫度T升高到臨界值附近，再逐漸降溫，並且測量χ值也畫出χ對T的曲線。在溫度降至T_1之前，升溫和降溫的χ曲線重合。可是自T_1以下，升溫和降溫的曲線不再重合，於是得到不可逆線上的一點（T_1,H_1）。重複上述的步驟，並選定H_2，再得到T_2，於是定出不可逆線上的另一點（T_2,H_2）。依此類推，即畫出不可逆線。

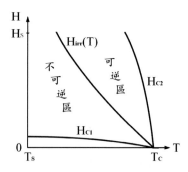

圖H　YBCO單晶體的不可逆線[$H_{irr}(T)$線]示意圖。$H_{irr}(T)$和H_{c2}兩線之間的區域為可逆區；$H_{irr}(T)$和H_{c1}兩線之間的區域是不可逆區。圖中$T_S\sim70K$，$\mu_0 H_s\sim10T$。

(2) 渦旋線的固態和液態分界線

　　用測量電阻隨溫度T逐漸變化的方法，可以在高溫超導體的混合態區畫出另一條線，這條線把在磁場中的渦旋線分為固態和液態兩個區域，如圖I所示。

　　固態區的渦旋線被釘著中心釘住不動，可以挺得過較高的臨界電流而沒有電阻出現。可是液態的渦旋線則難以抵擋因電流產生的勞倫茲力，所以會出現電阻。測量這種電阻，可以決定兩種渦旋線區的界線，方法大概如下：

　　用疊晶法[註2]（epitaxy）製成YBCO的單晶薄膜，且在c軸方向施加磁場H_1。接下來測量YBCO的電阻，並以溫度T為變數。從較低溫度（例如60K）開始，逐步增加到較高溫度（例如80K）。每升高溫度ΔT做一次電阻測量。起初在低溫下沒有電阻，當溫度升到某一數值T_1時，電阻會出現。於是（T_1,H_1）就是分界線上的一點。變更H_1到H_2，再以相同方法做電阻測量，到另一溫度T_2又開始出現電阻，故(T_2,H_2)是 分界線上的第二點。依此類推，畫出圖I所示之界線。這條線名為T_g線。T_g線上方是有電阻的液態渦旋線區，下方是沒有電阻的固態區。

　　固態區或稱玻璃態區。以玻璃命名的原因是玻璃為散亂無序的固溶體，表示其中的渦旋線雖然固定不動，但分佈則不一定規律有序。從應用觀點看，玻璃態區是有用的工作區，所以此區愈大愈好。

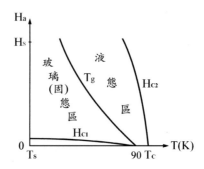

圖1　由測量電阻畫出YBCO的T_g分界線。分界線的左側為玻璃（固）態渦旋線區，右側為有電阻的液態渦旋線區。$T_s \sim 70K$，$\mu_0 H_s \sim 4T$。

(3) 渦旋線的熔解線

　　除了以上兩條分界線把混合態區分成二部份，第三條劃分混合態區為兩部份的界線是熔解線（melting line）。當電流流過超導體時，在熔解線上方就會因渦旋線受勞倫茲力的推動而有電阻出現。但在熔解線下方因渦旋線被釘住不動，沒有電阻。由於有電阻和無電阻之間的變化並不是以漸進的指數方式進行，而是快速完成。此種電阻快速出現或消失的現象，使物理學家認定這是一種渦旋線熔解或凍結（freezing）的過程，而熔解線就是分隔兩區的界線。

　　因為超導體內的渦旋線是處於晶格點陣中，必定會受熱能的影響而生起伏或搖晃。搖晃的位移離開平均位置達一定的程度，就被視為渦旋線的熔解。例如YBCO中的渦旋線，在受熱搖晃向旁側的位移達到協合長度ξ之值，就定為YBCO中渦旋線的熔解。又如屬於BSCCO的Bi2212中的渦旋線，在垂直方向搖晃的位移達到相鄰兩條渦旋線之間距離的若干分之一（如10分之1），就算是Bi2212中渦旋線的熔解。

　　無論是YBCO或Bi2212的熔解線都可用公式

$$H_m(T) = H_m(0)(1-t)^\alpha \text{，} t = T/T_c$$

表示。不過對於YBCO，$\mu_0 H_m(0) \sim 100T$，$1.3 < \alpha < 1.5$；對於
Bi2212，$\mu_0 H_m(0) \sim 0.1T$，而$1.5 < \alpha < 2$。

圖J為YBCO之熔解線示意圖。

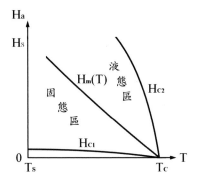

圖J　YBCO之熔解線$H_m(T)$隨溫度T之變化示意圖。$T_s \sim 80K$，$\mu_0 H_s \sim 10T$。H_{c2}
和$H_m(T)$兩條曲線比較接近，而H_{c1}和$H_m(T)$則相距較遠。也就是液態區較
小，固態區較大。

⑪ 對於分界線的補充說明

　　上一節中解釋混合態區的各種分界線，這些分界線是由不
同的研究團隊，考量不同的物理效應，做實驗得到的結果，證
據明確，少有可議之處，特予簡述如上。另外還有幾點需要補
充的，現在分項說明在下面。

　　第一，以上說的三種分界線都是用YBCO做實驗得到的結
果，並不適用於BSCCO，它們對應的分界線之形狀會完全不一
樣。由於BSCCO的非等方性高，使得混合態的分界線更複雜，
甚至不止於固態和液態兩個區域（參看圖K）。除了不適用於
BSCCO，也不適用於別種高溫超導體，因為複雜的材質結構，
很難盼望它們有類似的物理性質。

第二，三種分界線都限於溫度比較靠近臨界值T_c部份。在此區域之ξ_c遠比相鄰二CuO_2面間的距離d為大，所以通常都是3D空間的問題。

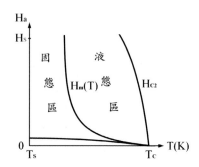

圖K　BSCCO之$H_m(T)$對溫度之變化示意。$H_m(T)$線遠離H_{c2}線，只有在低溫下，才能耐受強磁場。

第三，這些分界線大體上看起來頗為相似，彼此之間是否有所關聯呢？這應從內部物理作用的細節去考量，好像沒有辦法從表象上做出判定。不過人們最直接的一種感覺是：本質上應為同一現象，也許是利用不同的物理效應去測量，結果有所出入而已。

第四，YBCO和BSCCO之渦旋線熔解的定義已在上一節中介紹過，二者看似沒有甚麼差別。實際上用代數解析方法闡釋時，可見差異頗大。原因是BSCCO的協合體積ξ^3（對於高溫超導體，$\xi^3 = \xi_a\xi_b\xi_c$或$\xi_{ab}^2\xi_c$）太小，其中容納的凝結能比k_BT_c值小太多，以致渦旋線熔解所需的偏離位移遠在其協合長度ξ之上。而YBCO的ξ^3中容納的凝結能則與其k_BT_c相當，所以在級量參數因受熱所生的起伏變化（fluctuation）足以使渦旋線的位移達到ξ的長度時，熔解作用就發生了。

第五，渦旋線在低溫下是一種相對規律的點陣分佈，且呈六角密積形狀，彼此之間有所牽連，這在第七篇中已介紹過。

一旦因受熱熔解了，各渦旋線未必是立即完全自由，而仍有相互牽制的可能，所以過程比較複雜。當高溫超導體中所有渦旋線都不能承受任何張力（tension），而像氣體分子一般自由漂移的時候，在此條件下，也可畫出一條磁場H對溫度T的界線，此界線是上節中不可逆線所能達到的極端位置，名為H_L線。

第六，在傳統第II類超導體，H_{c2}線下方是沒有電阻的混合態區，超出H_{c2}線是有電阻的常態區域。與此對比，高溫超導體的H_{c2}線便不再有相同的意義。因為高溫超導體的H_{c2}線之下有液態的渦旋線，電阻篤定存在。還有，因為高溫超導體內電流的傳輸都在ab面上，所以當論及H_{c2}時，除非另有表示，指的就是H_{c2}^{ab}。

⑫ 高溫超導體的大型應用。

在第六篇裡討論量子干涉器時，曾提到一些小型（small scale）應用。這裡說的大型（large scale）應用，可分為幾方面：利用高溫超導體產生所需的強磁場以供醫療設備或物理實驗之用，這是成績最為顯著的一方面。以負載高電流為目標的輸電應用是另一方面。既要能耐受高強度的磁場，也要承擔大電流的應用是馬達、發電機和變壓器之類的電力設施。

目前產生強磁場，祇有超導體是唯一的選擇。醫院裡的磁振造影機，物理實驗的質點加速器之類，都要求在不大的空間內提供數個T甚至10T以上的強磁場。因為需要的空間小，用液氦作冷媒的成本有限，灌裝一次能維持百日以上，故廣被採用。

前面說過，屬於BSCCO的Bi2212之不可逆線遠在H_{c2}線之下，其於液氮沸點（77K）時的最大不可逆磁場只相當於0.01T的數倍而已。可是在4.2K時，不可逆磁場強度增加到能供應10T以上的磁通密度。故在低溫下，Bi2212是用於製造強磁場的好材料。

以傳輸高電流為目標的應用，超導體不必耐受外加的高強度磁場，只要具有高臨界電流密度和挺得過自身負載電流所生的磁場就行了，但是希望有較高的臨界溫度值。對高溫超導體而言，臨界溫度最好能遠在液態氮的沸點之上。因為這樣才有安全可靠的溫度操作空間。

至於馬達、發電機等因為內部有高強度的磁場，相當大的工作電流，同時處於以液態氮為冷媒的環境中，自然希望所用超導體的臨界溫度T_c、臨界磁場H_c和臨界電流密度J_c三者都具有適當的高度。從這方面來看，YBCO要比BSCCO強過很多。所以前者是比後者更有用的高溫超導體。

⑬ 高溫超導體線

上節說的各種應用，都必須先把超導體製成電線或電纜。然而高溫超導體都是堅硬易碎的陶瓷，如何製成電線，想來是一個頗具挑戰性的問題。因為祇有單晶導線能傳輸高密度的臨界電流，所以要想造出性能可靠的導線，必須從造出單晶導線的方向著手。

製造導線用的超導體不同，方法也不相同。像第一代（1st generation, 1G）超導線是用BSCCO做的。做法是把粉末（powder）狀的BSCCO材料裝入銀質細管中，然後把銀管逐步拉長製成。因BSCCO的晶胞內相鄰二個BiO層面之間的結合力較弱[BiO在晶胞中的位置，參看圖B]，所以當銀管漸漸地被拉長時，此等晶胞會受管壁的壓擠作用而在兩個BiO層面之間斷裂，由此形成的晶粒小板（platelet）之CuO_2層面相互平行，在管軸方向建構有利的串接導電條件。

導線拉長到最後，再將成品加溫退火。所謂退火，就是加熱到適當的溫度，然後緩緩地冷卻，使材質內部的結構變得更

為規律、密緻。以此法做成的導線，雖然不是合乎理想的單晶體，可是在液氮中（77K）其臨界電流密度能達到數萬A/cm^2。這種利用「管裝粉」（powder in tube, PIT）的「粗法」製成的第一代超導線，算是相當成功了。

把上述方法做成的Bi2212或Bi2223多根導線集成一束，即為超導電纜。電纜的橫截面可排成圓形或長方形，橫截面為長方形的帶狀纜線比較更為常見。此種導線的銀含量約佔體積的百分之七十。

多年來，利用這種第一代纜線研製上一節中說的電力傳輸和馬達、發電機等設備，已獲得不錯的成績。但將來從各種因素衡量，這種新產品是否能和現用的系統競爭，還有待進一步觀察，因為新產品的成本實在太高了，每公里纜線的價格前幾年曾達一百萬美元以上！

製造1G導線使用BSCCO，但它的混合態分界線位置太低（參看圖K），為了滿足能撐得住強磁場的要求，必須在低溫（T<20K）下工作，完全佔不到高臨界溫度的便宜。所以為了在高溫下能抵抗強磁場，必須設法用YBCO做導線，這就是第二代（2nd generation, 2G）高溫超導體線。

⑭ 第二代高溫超導體線

因為YBCO的非等方性較低，物理性質和BSCCO的有別，前者缺乏後者所特有的「脆性」，所以不能採用上述的「管裝粉（PIT）」方法製作導線。

以YBCO製作單晶的第二代超導體線，採用的方法是薄膜技術。這種技術在固態電子工程用之有年，已十分成熟。利用此法製造超導纜線，說得上是「駕輕就熟」。

用薄膜技術，須先選基板。做YBCO超導線用的基板材料是合金，如鎢（W）鎳（Ni）合金、赫斯特合金（Hastelloy）。此等合金不僅有助於排列沉積材料分子的方向，更有助於改良導線的機械性質。

圖L是美國一家名叫Superpower的公司製造的2G導線之橫截面示意圖。他們用赫斯特合金做基板，基板之上依次用MOCVD技術[註3]沉積出多層材質不同的薄膜，形成所謂緩衝複疊區（buffer stack），複疊區之上，才是一層厚約1μm的高溫超導體。2G線靠的就是這一層薄薄的YBCO材料。再向上是銀質的覆被層（overlay）作為穩定和接電之用。最外面是較厚的銅質保護層。所以此等結構完全不見「以陶瓷製導線」那種想像中的困難。詳細的構造參看圖L和下方的說明。

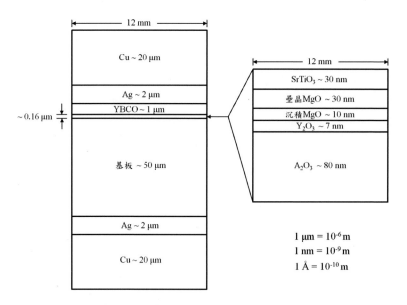

圖L　YBCO超導體線之橫截面示意圖。基板採用赫斯特合金。圖中數字表示各層厚度的約數。導線的總厚度略少於0.1mm，圖示寬度為12mm。所有數字都不與實物成比例。

圖L上的緩衝複疊區厚度雖然只有約0.16μm，但卻包含五個不同的層次，厚度從數nm到數十nm不等。其中下面二層的功用是阻斷氧在高溫下擴散並進而和基板中的Ni結合成NiO。上三層的目的是促進YBCO以疊晶的方式接著SrTiO$_3$的晶格長出單晶，使得相關晶面間保持微小的夾角，才能有高值臨界電流密度。

　　據Superpower公司說，他們在材料中摻入適量的稀土元素形成釘著中心，會對渦旋線產生有效的釘著作用，使得這種產品在77K下能耐受磁通密度達到3T的強磁場。而臨界電流密度則在數10^6A/cm^{2}之譜。

　　此外，導線的機械性能佳，扭曲的螺距可以很小；基板的電阻高，故渦流耗損低；更由於材料幾乎無磁性，所以不受磁滯作用的影響。導線的厚度不到0.1mm，寬度則有不同的選擇。

　　因為高溫超導體線的橫截面常呈長方形，在應用上電流密度常以單位寬度定義。例如：導線之橫截面的厚度為t(cm)，寬度為w(cm)，通過的電流為I。所以一般電流密度定為$J = \frac{I}{wt}$ (A/cm^2)。高溫超導工程師則定電流密度$j = Jt = \frac{I}{w}$(A/cm－width)。

⑮ 塊狀高溫超導體

　　以上二節介紹的纜線都是馬達、發電機、變壓器以及輸配電力所必需的，當然也是繞成線圈產生強磁場所不可或缺。因此纜線的使用，涵蓋了高溫超導體應用領域的大部份。不過整塊（bulk）的超導體，也自有其特殊用途。比較成熟的項目有以下各端。

(1) 故障電流限制器

把管狀的高溫超導體，如Bi2212，和供電系統的幹線串聯。一旦幹線因為故障而有強大短路電流出現時，流過超導體的電流勢必會超越其臨界值，使得超導作用消失，同時出現電阻，因而限制短路電流的繼續升高。所以可避免燒毀電器和供電設備。這種簡易有效的故障電流限制器（fault current limiter, FCL），目前有不少國家正在推廣使用中。

(2) 電流線引

同樣用管狀的高溫超導體，可以做成電流線引（current lead），這大概是最早推到市場的高溫超導體商品。常見的使用是把線引的一端連接在產生強磁場的低溫（4.2K）線端，另一端經由密封的導孔（feedthrough）連接到外界的電流供應端。用線引的目的是阻止熱量進入液氦。位於液氦冷媒中的線引在超導狀態，故不會因為電流的通過產生熱耗；又因它的本質是陶瓷，導熱率極低，所以少有熱量傳至液氦中，因而大大地降低了它的揮發率。

(3) 磁軸承

利用磁浮的力量支撐運（轉）動中的某種機械組件，以減少因接觸摩擦產生的阻礙，是一種已發展到相當成熟的工程技術。常見到的是用電子電路或數位方法加以控制，以使軸承能夠穩定地運作。這是所謂主動的磁軸承（active magnetic bearing, AMB）。

高溫超導軸承是用YBCO配合永久磁鐵製成。目前有些公司宣稱祇要顧客提出需求，他們會代為設計並造出成品。美國波音（Boeing）公司有一個部門，研發調節供電系統所需要的儲存動能的飛輪（flywheel），曾採用高溫超導體YBCO做軸

承，非常成功。

用YBCO配合磁鐵做被動的（passive）軸承，YBCO內部應有充足的釘著中心存在，以使穿越其中的磁力線具有相當的垂直穩定作用，避免發生水平方向的移動。

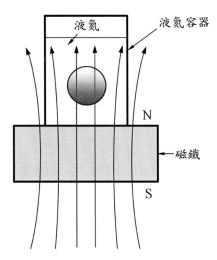

圖M　磁鐵上方置液氮容器，液氮中有一磁浮的YBCO圓球。磁力線從球內向上穿過，可有助於使球不向旁側移動。

圖M示一簡單的（中學生會做的）磁浮實驗。永久磁鐵上方的容器內盛液氮，其中的YBCO圓球即因磁浮作用懸在空中。球內必須有足夠的釘著力量，穩住通過球內的磁力線，才可使球不會偏向一側，和軸承的要求類似。

⑯ 關於理論方面

高溫超導體的研究，都是從實驗得到各種數據。不過和傳統超導體對比，高溫超導體當然也應該有宏觀和微觀理論。宏

觀理論和傳統第 II 類超導體的不同之處有二點：一是高溫超導體的非等方性強烈，和傳統第 II 類超導體具有等方性不同。二是高溫超導體的導電面為CuO_2層面，如前所述：當二個CuO_2層面相距太遠時，彼此之間已近乎沒有關連。所以三度空間問題會變成二度空間問題。

　　以上兩點差別都不會成為問題。原因是：若求非等方超導體的物理量，只要把對應的等方物理量乘上一個適當的修正因數（rescaling factor）就行了。

　　如果各CuO_2層面之間的距離符合二度空間的判定，就用二度空間的方法處理。這種所謂2D問題，常以羅倫斯（W. Lawrence）和董亞齊（S. Doniach）的模式解決。他們的模式，依照G-L理論命名的辦法，簡稱作L-D模式，可用來解決超導體層和絕緣體層交替間隔的結構問題。L-D早在1971年提出這個模式，那時還沒有高溫超導體。後來高溫超導體問世了，此模式正好派上用場。

　　在微觀的探討方面，有兩個有趣的問題：一是電子對形成的過程，二是臨界溫度值為什麼如此高？

(1) 電子對是怎樣形成的

　　解答這個問題的理論有兩種：一是層狀的普通超導體再加上層與層之間的穿隧作用，就構成了描繪非等方高溫超導體的一種耦合模式。此時電子對的形成仍然遵循傳統的觀念：兩個電子經由聲子的中介，形成相互吸引的電子對。可是高溫超導的晶體常為正交結構或四方結構，具有很強的非等方性。另外，高溫超導體似乎沒有同位素效應。

　　第二種解釋是拋棄聲子做中介的觀念（和沒有同位素效應的現象相吻合），兩個電子經由自旋密度波（spin density wave）的作用，直接形成電子對。一個在高溫超導體中運動的電子，

它的自旋會在其自身周遭造成自旋密度波，此波使得鄰近的另一個電子墜入前一個電子所引發的自旋凹陷（spin depression）中，這就形成了一個電子對。此現象常發生於反鐵磁體因成份原素（如氧）增加而變為高溫超導體的過程中（$YBa_2Cu_3O_{7-y}$ 在圖D中的y＝1時就是反鐵磁體，y＜0.6時便是高溫超導體）。

以上兩種解釋在目前好像還不是全無爭議。

(2) 為什麼有高臨界溫度

在較早，科學家試圖解答這個問題，大都是在接受BCS理論適用於高溫超導體的前提下，朝著修改BCS公式的方向走。因為BCS的原公式為

$$k_BT_c \sim \omega_D e^{-1/\lambda}$$

ω_D 是狄拜角頻率，$\lambda = N(0)V_{int}$ 為電子對的耦合常數（參看第五篇註11）。BCS的理論是針對弱耦合作用設計的理論，那麼為了提升 T_c 值，必須設法增大 λ。這方面有很多人做了很多研究，在此不能細說。

除了走BCS的路線承認電子對是由聲子做中介構成，另外一種解釋方法也是拋棄聲子做中介，直接考慮二個電子成對互斥的模式，即二電子交互作用的位能為正值，依靠級量參數（波函數）的相位角變化去建立新的公式。此時狄拜能量的尺度被電子的尺度所取代，故使得 T_c 值升高。

高溫超導體理論方面的研究經過許多年已做了很多工作，然而到目前為止，並沒有人能指出超導體內部到底發生了甚麼樣的交互作用，使得陶瓷物質產生了高臨界溫度。樂觀者認為這個問題的解答還有待未來的努力；悲觀者則認為這可能是一道永遠無解的難題。誰是誰非，時間當會做出判定。

附錄A：
量子力學的初步概念

簡單地說，量子力學就是闡釋微小質點行為的一種數學理論。像金屬中導電的自由電子，孤立原子中電子繞原子核運行所構成的小小系統等，都必須透過量子力學才能對它們所展現的特性，找到恰當的解釋。超導體的微觀理論，就是以量子力學為依據去闡明由眾多載電體造成超導現象的理論。

量子力學誕生的時間在1925年到26年間。先有海森堡用矩陣方式表述的所謂矩陣力學（matrix mechanics），緊接著有薛丁格用波動方程式表述的所謂波動力學（wave mechanics）。二者在形式上看似有別，本質上實無差異，所以通稱量子力學（quantum mechanics）。以下的介紹，走薛丁格的路線，來略述量子力學的初步概念。

一、基礎公設

量子力學的基礎建立在幾個公設（postulate）上。公設的意思，有點像數學中的公理，不須證明，人們就應該承認它是對的。

公設之一說：對於每一個可觀察的物理量（physical observable）a，都有一個數學算符（operator）A與之對應。

舉個簡單的例子，質量為m的質點沿正x軸方向運動時，則該質點的可觀察物理量和對應的算符在座標空間[*]中為：

距離　　$x \longleftrightarrow x$

動量　　$p_x \longleftrightarrow -i\hbar\frac{\partial}{\partial x}$ ，$i=\sqrt{-1}$ ，$\hbar=\frac{h}{2\pi}$

動能　　$\frac{p_x^2}{2m} \longleftrightarrow -\frac{\hbar^2}{2m}\frac{\partial^2}{\partial x^2}$

總能　　$E \longleftrightarrow i\hbar\frac{\partial}{\partial t}$ ，t為時間

雙箭頭左指可觀察物理量a，右指對應算符A。距離x用x表示，當然沒有問題。但接下來的三種表示法，對於初次看見的人，可能會覺得新奇。沒有問題，它們的正確性應是「毋庸置疑」，後面會看到。

可觀察物理量a和對應算符A之間，可用一個函數$\varphi = \varphi$(r⃗,t)連繫起來，即$A\varphi = a\varphi$。這裡的r⃗表示三度空間中的一點，常用$x\hat{x}+y\hat{y}+z\hat{z}$或（x,y,z）表示，而$\hat{x},\hat{y},\hat{z}$分別代表沿正座標x,y,z軸的單位向量；t表時間。可是就一個系統來說，常有多個不同的函數對應於不同的a值，故更明確的表示法應為：

$$A\varphi_k = a_k\varphi_k \qquad\qquad\qquad (A1)$$

式中的φ_k叫做A的特徵函數（eigenfunction，這個字也譯作本徵函數），a_k是A的一個特徵值（eigenvalue）。系統的特徵值可以是離散的（discrete），也可以是連續的（continuous）。單個的特徵值可能只有有限個，也可能有無限個，要視質點所屬系統的性質而定。

公設之二說：測量一個可觀察物理量時，所得結果必為對應於該物理量之算符的一個特徵值。

---

[*]　和座標空間相對的還有動量空間(momentum space)。可觀察物理量和對應算符亦能在此空間中表出。

154 │ 漫說超導體

公設之三說：對於每一個動態系統，一定會存在屬於該系統之波函數（wave function）$\Psi = \Psi(\vec{r},t)$。此函數包含系統的所有已知訊息。

公設之四說：如果知道在時間$t = t_0$時的波函數$\Psi(\vec{r},t_0)$，那麼該函數將隨時間t依照

$$H \Psi(\vec{r},t) = i\hbar \frac{\partial}{\partial t} \Psi(\vec{r},t) \qquad (A2)$$

的方式變化。式中的H名為漢彌頓算符（Hamiltonian operator），該算符對應於質點的位能與動能之和。

在傳統力學中，質點的位能與動能之和叫做漢彌頓算式。

二、薛丁格方程式

公設之四中的漢彌頓算符H是表示質點位能與動能之和的算符。而質量為m的質點之動能為$\frac{\vec{p} \cdot \vec{p}}{2m}$，位能為$V = V(\vec{r},t)$。$\vec{p}$是質點的動量。在三度空間中，$\vec{p}$的算符是

$$-i\hbar \left(\hat{x} \frac{\partial}{\partial x} + \hat{y} \frac{\partial}{\partial y} + \hat{z} \frac{\partial}{\partial z} \right) = -i\hbar \nabla$$

所以$\vec{p} \cdot \vec{p}$的算符是

$$-\hbar^2 \left(\frac{\partial^2}{\partial x^2} + \frac{\partial^2}{\partial y^2} + \frac{\partial^2}{\partial z^2} \right) = -\hbar^2 \nabla^2$$

因之漢彌頓算符為

$$H = -\frac{1}{2m} \hbar^2 \nabla^2 + V$$

將此H代入(A2)式，就得到薛丁格的波動方程式

$$-\frac{\hbar^2}{2m} \nabla^2 \Psi + V\Psi = i\hbar \frac{\partial}{\partial t} \Psi \qquad (A3)$$

這是波動力學中最重要的一個公式。

以上是沒有磁場出現的情形。若質量為m帶電荷q的質點，在磁場中以速度$\vec{v}$進行運動，那麼質點的動量可從傳統力學得知為

$$\vec{p} = m\vec{v} + q\vec{A} \tag{A4}$$

$\vec{A}$是磁勢向量（magnetic vector potential）。(A4)式中的$m\vec{v}$是因質點運動而生的動量，$q\vec{A}$則是因磁場而生的動量。所以質點的動能為$\frac{1}{2m}(m\vec{v})^2$，即$\frac{1}{2m}(\vec{p}-q\vec{A})^2$。將$\vec{p}$以算符$-i\hbar\nabla$表示，故漢彌頓算符應為

$$H = \frac{1}{2m}(-i\hbar\nabla - q\vec{A})^2 + V$$

將此H代入(A2)式，得到在直流磁場中的薛丁格方程式

$$\frac{\hbar^2}{2m}(-i\hbar\nabla - q\vec{A})^2\Psi + V\Psi = i\hbar\frac{\partial}{\partial t}\Psi \tag{A5}$$

薛丁格方程式是線性二級偏微分方程。在位能與時間無關的條件下，即$V(\vec{r},t) = V(\vec{r})$，則該式可先作「時空分離」，變成兩個方程式。現在看(A3)式，第一步令

$$\Psi(\vec{r},t) = \phi(\vec{r})T(t) \tag{A6}$$

代入（A3），並且暫用H代表漢彌頓算符，即

$$H[\phi(\vec{r})T(t)] = i\hbar\frac{\partial}{\partial t}[\phi(\vec{r})T(t)]$$

因H中不含t，故此式可寫成

$$\frac{H\phi(\vec{r})}{\phi(\vec{r})} = \frac{i\hbar}{T}\frac{dT(t)}{dt} = E$$

E是一個常數。將H再用算符表示，於是得以下二式

$$-\frac{\hbar^2}{2m}\nabla^2\phi(\vec{r}) + V(\vec{r})\phi(\vec{r}) = E\phi(\vec{r}) \tag{A7}$$

$$i\hbar\frac{dT(t)}{dt} = ET(t) \tag{A8}$$

(A7)式不含時間，(A8)式不含$\vec{r}$，即時間和空間分屬不同二式。(A7)式常稱為不含時間的薛丁格方程式。

三、波函數

(A7)和(A8)分別表示和算符H與$i\hbar\dfrac{d}{dt}$相關連的特徵方程式，二者有共同的特徵值E。假設從(A7)式解出特徵函數$\phi(\vec{r})$，因為(A8)式的解很容易求出為$T(t)=e^{-i\omega t}\left(\omega=\dfrac{E}{\hbar}\text{叫做角頻率}\right)$，代入(A6)式就得到(A3)式之解的波函數

$$\Psi(\vec{r},t)=\phi(\vec{r})e^{-i\omega t} \tag{A9}$$

這是假定能量只有一個特徵值E的情形。

倘若一個動態系統具有n個不同的特徵能量$E_1,E_2,\cdots,E_n$，那麼(A3)式就有n個不同的波函數

$$\Psi_k(\vec{r},t)=\phi_k(\vec{r})e^{-i\frac{E_k t}{\hbar}}, \ k = 1, 2, \cdots, n \tag{A10}$$

在量子力學中，特徵函數如$\phi_k(\vec{r})$常具有以下A、B、C三項良好的品性（well－behavedness）和D、E、F三個特性：

A. 都是一對一的單值（single-valued）$\vec{r}$的連續函數。

B. $\phi_k(\vec{r})$和$\nabla\phi_k(\vec{r})$對於$\vec{r}$都是連續（continuous）函數。

C. $\overline{\phi_k(\vec{r})}\phi_k(\vec{r})=|\phi_k(\vec{r})|^2$是可以積分的（integrable）函數，$\overline{\phi_k(\vec{r})}$是$\phi_k(\vec{r})$的複共軛（complex conjugate）式。

D. 所有的$\phi_k(\vec{r})$構成一群完全的空間基量（complete basis vector）。該空間名為希伯特（Hilbert）空間。

E. 空間基量具有正交性（orthogonality）和單位長度（unit length），即

$$\int_\tau \overline{\phi_m(\vec{r})}\phi_n(\vec{r})d\tau=\delta_{mn} \tag{A11}$$

τ是相關的積分空間，δ_{mn}叫做克朗乃克（Kronecker）δ符號：當m＝n時$\delta_{mn}=1$；m≠n時$\delta_{mn}=0$。

F.任何波函數必可用空間基量表出，即

$$\Psi(\vec{r},t)=\sum_{k=1}^{n}c_k\Psi_k(\vec{r},t)=\sum_{k=1}^{n}c_k(t)\phi_k(\vec{r}) \qquad (A12)$$

以上D、E、F三項關於空間基量的敘述，和三度空間中沿x, y, z軸的單位空間向量相當。即$\hat{x}\cdot\hat{x}=\hat{y}\cdot\hat{y}=\hat{z}\cdot\hat{z}=1$；$\hat{x}\cdot\hat{y}=\hat{y}\cdot\hat{z}=\hat{z}\cdot\hat{x}=0$，而且三度空間中任何向量必為$\hat{x}$、$\hat{y}$、$\hat{z}$三者的倍數之和。而波函數就可看做希伯特空間中一個廣義的向量。

波函數另有態函數（state function）、機率幅（probability amplitude）等名稱。波函數意為它是描摹質點波性的函數；態函數表示這個函數能概括彰顯質點的狀態；機率幅所指則是該函數之絕對值的平方$|\Psi|^2$等於機率密度，或者說在微體積dxdydz內發現質點的機率為$|\Psi|^2$dxdydz。這種機率解釋是在1926年由波恩（M. Born）首先提出，為此他得到1954年諾貝爾物理獎。

因為$|\Psi|^2$表示機率密度，Ψ本身必須先經過歸一化（normalization）。所謂歸一化，就是$|\Psi|^2$對相關空間τ的積分必須等於1，即

$$\int_{\tau}|\Psi|^2 d\tau=|c_1|^2+|c_2|^2+\cdots+|c_k|^2+\cdots+|c_n|^2=1 \qquad (A13)$$

式中的$|c_k|^2$表示在測量過程中，測得能量為E_k的機率。由於有(A11)式的限制，故(A13)式是一個可能的結果。即使(A13)式右端不等於1，而為一個正實數K，那麼用$\sqrt{K}$去除Ψ，就會完成Ψ的歸一化。完成歸一化的Ψ，必能滿足(A13)式。在量子力學中，此式稱作閉合關係（closure relation）。

四、期望值

所謂期望值（expectation value）就是某事件發生後能得到的數值和事件發生的機率之乘積。例如某人投擲硬幣一枚，正面出現時贏10元，反面出現輸10元，每人都會算出這人投擲一

次輸贏的期望值為零。但是實際上這人可能連續投擲多次都贏錢或輸錢，似與期望值不符。這是中學生常遇到的問題。實際上用少數實驗樣本，並不能驗證期望值的真正意涵，和驗證機率不能只憑少數實驗樣本是一樣的。

用統計觀念，對一個要量測其可觀察物理量的微小系統，須複製很多（理論上無限多）相同的系統，這些系統各自獨立，全數集合起來名為系綜（ensemble）。將系綜裡的成員逐一測量，然後求其平均值，這平均值就是期望值。此期望值，顯然是一種理想化的構思，實際上是辦不到的。

在量子力學中，求某一可觀察物理量a的期望值，常依定義

$$\langle a \rangle = \int_\tau \overline{\Psi}(\vec{r},t) A \Psi(\vec{r},t) d\tau \qquad \text{(A14)}$$

因為

$$A\Psi(\vec{r},t) = \sum_{k=1}^{n} c_k(t) a_k \phi_k(\vec{r})$$

且各$\phi_k(\vec{r})$具有正交和歸一的性質，簡稱正交歸一性（orthonormality），所以

$$\langle a \rangle = \sum_{k=1}^{n} |c_k(t)|^2 a_k \qquad \text{(A15)}$$

(A15)式的意義為：測量到a_k的機率為$|c_k(t)|^2$，且所有的$c_k(t)$都滿足(A13)式。因此期望值就是所有測量值a_k加權$|c_k(t)|^2$之後的總和。

舉個簡單的例子：如果微小質點系統的某可觀察物理量a有5個不同的特徵值$a_1 \sim a_5$和對應的特徵函數$\phi_1(\vec{r}) \sim \phi_5(\vec{r})$。若對此微小質點系統做測量，每次只能測到這5個特徵值中的一個，不可能測到其他數值。現在假定在時間t = 0時的波函數為

$$\Psi(\vec{r},0) = \frac{1}{11}\phi_1(\vec{r}) + \frac{2}{11}\phi_2(\vec{r}) + \frac{4}{11}\phi_3(\vec{r}) + \frac{6}{11}\phi_4(\vec{r}) + \frac{8}{11}\phi_5(\vec{r})$$

此函數已經過歸一化，所以

$$\langle a \rangle = \int_\tau \overline{\Psi}A\Psi d\tau = \frac{1}{121}(a_1 + 4a_2 + 16a_3 + 36a_4 + 64a_5)$$

這就是測量a的期望值。

　　上式右端a_1的係數為$\frac{1}{121}$，a_2的為$\frac{4}{121}$，…，等等。倘使從系綜的觀點看，相同的質點系統極多。若逐一測量，費時t_a，那麼測量到a_1時間必佔$\frac{t_a}{121}$，a_2的佔$\frac{4t_a}{121}$，等等。

　　從上面這個例子可以知道：用量子力學方法計算的期望值和從系綜觀點的了解完全一致。

　　實際上，微小的單一質點系統是難以測量的。一般物理量如電阻、輻射能之類的測量，其實就是同時測量巨大數目之微小質點系統的期望值。由此可知期望值的具體意義。

五、電流密度

　　討論超導體問題，常涉及電流密度。在量子力學中，電流密度和機率流密度（probability flux density）相同，可利用薛丁格方程式導出。現在求之如下。

　　薛丁格方程式前面已求出，即

$$-\frac{\hbar^2}{2m}\nabla^2\Psi + V\Psi = i\hbar\frac{\partial}{\partial t}\Psi \qquad\qquad (A3)$$

取其複共軛值，得（V為實數）

$$-\frac{\hbar^2}{2m}\nabla^2\overline{\Psi} + V\overline{\Psi} = -i\hbar\frac{\partial}{\partial t}\overline{\Psi} \qquad\qquad (A16)$$

先用$\overline{\Psi}$自左方乘(A3)式兩端,再用Ψ自左方乘(A16)式,然後二式相減,即$\overline{\Psi}$(A3)$-\Psi$(A16),得

$$-\frac{\hbar^2}{2m}(\overline{\Psi}\nabla^2\Psi - \Psi\nabla^2\overline{\Psi}) = i\hbar\frac{\partial}{\partial t}(\Psi\overline{\Psi}) \qquad (A17)$$

利用向量關係式$\nabla\cdot f\nabla g = \nabla f\cdot\nabla g + f\nabla^2 g$(f,g倶為$\vec{r}$和t的函數,且$\nabla\cdot\nabla g = \nabla^2 g$),可見(A17)式能變成

$$-\frac{\hbar^2}{2m}\nabla\cdot(\overline{\Psi}\nabla\Psi - \Psi\nabla\overline{\Psi}) = i\hbar\frac{\partial P}{\partial t}$$

式中的$P = \overline{\Psi}\Psi = |\Psi|^2$是機率密度。而上式可書作

$$-\nabla\cdot\left[-\frac{i\hbar}{2m}(\overline{\Psi}\nabla\Psi - \Psi\nabla\overline{\Psi})\right] = \frac{\partial P}{\partial t} \qquad (A18)$$

方括弧內的算式叫做機率流密度,以符號$\vec{S}$表示

$$\vec{S} = -\frac{i\hbar}{2m}(\overline{\Psi}\nabla\Psi - \Psi\nabla\overline{\Psi}) \qquad (A19)$$

$\nabla\cdot\vec{S}$定為$\vec{S}$的散度(divergence)。散度之值為正時表示流體自一個微小體積(如dxdydz)內向外流出;為負時表示流入。上面(A18)式表示

　　$-$(機率流密度的散度)$=$(機率對於時間的變化率)
我們可以把微小體積看做一個小方盒。若盒內的機率密度隨時間增加,機率流(密度)就流向盒內,其散度必為負。反之,方盒內之P值隨時間減少,即$\frac{\partial P}{\partial t}$為負,顯示機率流(密度)流向盒外,$\nabla\cdot\vec{S}$必為正。

　　在電磁學中,有一個和上述原理相當的關係式,名為連續方程式(equation of continuity),即

$$\nabla\cdot\vec{J} + \frac{\partial\rho}{\partial t} = 0 \qquad (A20)$$

此式中的ρ為電荷密度，ĵ為電流密度。兩者的關係也可用一個想像中的方形盒來解釋：盒內的ρ隨時間增加時，$\frac{\partial \rho}{\partial t}$ 為正；電流密度ĵ的方向是流向盒內，故∇·ĵ為負。當ρ隨時間減少時，$\frac{\partial \rho}{\partial t}$為負；而ĵ的方向是流向盒外，故∇·ĵ為正。

第(A19)式所示之機率流密度和電流密度之間的關係只差載電質點的電荷而已，因為機率流密度就相當於質點流的密度。我們求單一質點的波函數，無疑的會適用於所有質點。事實上，在G-L理論中，由(A7)式在位能V＝|φ|²之條件下解出的φ(r̄)名為級量參數，|φ|²就表示質點密度。S̄就是質點流密度，乘以質點的電荷，便得電流密度。

以上的討論是假定沒有磁場出現。若有直流磁場出現，那麼薛丁格方程式就是(A5)式，即

$$\frac{\hbar^2}{2m}(-i\hbar\nabla - q\vec{A})^2\Psi + V\Psi = i\hbar\frac{\partial}{\partial t}\Psi \tag{A5}$$

而其複共軛式為

$$\frac{1}{2m}(i\hbar\nabla - q\vec{A})^2\overline{\Psi} + V\overline{\Psi} = -i\hbar\frac{\partial\overline{\Psi}}{\partial t} \tag{A21}$$

和沒有磁場的步驟相同，將(A5)和(A21)式分別自左側乘以$\overline{\Psi}$和Ψ，然後取兩者之差，且令∇·Ā＝0[這個條件叫做庫倫規範（Coulomb gauge），當電位和時間無關時，此規範常成立]，結果是

$$\nabla\cdot[\frac{i\hbar}{2m}(\overline{\Psi}\nabla\Psi - \Psi\nabla\overline{\Psi}) + \frac{q}{2m}\vec{A}\ \Psi\overline{\Psi}] = \frac{\partial P}{\partial t} \tag{A22}$$

式中的P＝|Ψ|²。和(A18)式對比，可見機率流密度為

$$\vec{S} = -\frac{i\hbar}{2m}(\overline{\Psi}\nabla\Psi - \Psi\nabla\overline{\Psi}) - \frac{q}{2m}\vec{A}\,P \qquad (A23)$$

而電流密度就是$q\vec{S}$。

六、算符的性質

　　量子力學中用算符表示可觀察物理量，所以算符的運算性質是一重要問題，現在簡要說明如下。

(1)對易性：

　　關於算符的對易性，可舉簡單的例子來說明。質點在x軸上對於原點的距離x之算符用x表示；沿x軸運動的動量p_x用算符$-i\hbar\frac{\partial}{\partial x}$表示；動能$\frac{p_x^2}{2m}$用$-\frac{\hbar^2}{2m}\frac{\partial^2}{\partial x^2}$表示。這三種算符中任取二種，若它們的前後順序是可以對易的，就叫做具有對易性（commutativity），否則便沒有對易性。像動量和動能的算符二者有對易性，即

$$\left(-i\hbar\frac{\partial}{\partial x}\right)\left(-\frac{\hbar^2}{2m}\frac{\partial^2}{\partial x^2}\right) - \left(-\frac{\hbar^2}{2m}\frac{\partial^2}{\partial x^2}\right)\left(-i\hbar\frac{\partial}{\partial x}\right) = 0$$

可是距離算符x和動量算符$-i\hbar\frac{\partial}{\partial x}$之間就沒有對易性，因為

$$x\left(-i\hbar\frac{\partial}{\partial x}\right) - \left(-i\hbar\frac{\partial}{\partial x}\right)x = i\hbar$$

而距離算符x和動能算符$-\frac{\hbar^2}{2m}\frac{\partial^2}{\partial x^2}$之間也沒有對易性，那是由於

$$x\left(-\frac{\hbar^2}{2m}\frac{\partial^2}{\partial x^2}\right) - \left(-\frac{\hbar^2}{2m}\frac{\partial^2}{\partial x^2}\right)x = \frac{\hbar^2}{m}\frac{\partial}{\partial x}$$

以上三式，用函數f(x)分別自右側介入，然後照算符運算，立即可以證明。

算符A與B的對易關係，常用方括弧表示：

$$[A, B] = AB - BA$$

倘使 $AB = BA$，這表示A和B具有相同的特徵函數。設該函數為 $\phi = \phi(\vec{r})$。因 $AB = BA$，故 $AB\phi = BA\phi = Ba\phi = aB\phi$。a是A作用於 ϕ 的特徵值，而 $B\phi$ 顯然也是A的特徵函數。如果A對應於a只有一個特徵函數，那就必須有 $B\phi = b\phi$，b是一個常數，也就是B作用於 ϕ 的一個特徵值。可見A和B共有 ϕ 為特徵函數，而各有自己的特徵值。

事實上，如A與B有共同的特徵函數 ϕ，且各有自己的特徵值a和b，即 $A\phi = a\phi$，$B\phi = b\phi$，那麼 $BA\phi = Ba\phi = ab\phi$ 和 $AB\phi = Ab\phi = ba\phi$。於是 $AB\phi - BA\phi = (ba - ab)\phi = 0$ 這顯示 $(AB - BA)\phi = 0$，即 $AB = BA$，因 $\phi \neq 0$。

綜合以上：$AB = BA$ 是A與B有共同特徵函數的充足必要條件。此關係所標示的具體意義是能同時精確測量A和B的特徵值a與b。還有，當 $A\phi = a\phi$ 和 $B\phi = b\phi$ 時，A與B的作用只是變更 ϕ 的倍數，並不改其方向。這也是由於 $AB = BA$ 的條件得到的結果。

現在假定 $AB \neq BA$。在此前提下，只能採用(A10)和(A12)式的波函數 $\Psi(\vec{r}, t)$，照波恩的辦法，來求量測的數值。A或B作用於 $\Psi(\vec{r}, t)$ 不僅改變其大小，也同時改變其方向。這就相當於把希伯特空間中的一個向量 $\Psi(\vec{r}, t)$ 變成該空間中另一個全然不同的向量。這時候，對某可觀察物理量a或b測量一次所得的結果，必定是其期望值式[(A15)]中的某一項如 $|c_k(t)|^2 a_k$ 或 $|c_l(t)|^2 b_l$ 之 a_k 或 b_l，而 $|c_k(t)|^2$ 或 $|c_l(t)|^2$ 分別為測到 a_k 或 b_l 的機率。這一點在說明期望值時已經解釋過。

(2) 算符的厄密性：

代表可觀察物理量的算符，常具厄密性。首先，我們要說明什麼是厄密性。設f與g是品性良好的$\vec{r}$的函數，倘使

$$\int_\tau \overline{f} A g d\tau = \int_\tau \overline{Af} \cdot g \ d\tau \tag{A24}$$

我們說凡是合於此關係的算符A叫做具有厄密性（Hermiticity），或者稱A為厄密（Hermitian）算符。像（A14）式所示a的期望值

$$\langle a \rangle = \int_\tau \overline{\Psi} A \Psi d\tau \tag{A14}$$

因$\langle a \rangle$必為實數，也就是

$$\langle a \rangle = \overline{\langle a \rangle} = \int_\tau \overline{A\Psi} \cdot \Psi d\tau$$

所以A是厄密算符。

依此結論，可知量子力學中代表所有可觀察物理量的算符都是厄密算符。因為所有可觀察物理量的期望值都是實數，即$\langle a \rangle = \overline{\langle a \rangle}$。例如漢彌頓算符H代表動態系統的能量h。由(A2)式，並且利用(A10)和(A12)式之$\Psi(\vec{r},t) = \sum_{k=1}^{n} c_k e^{-iE_k t/\hbar} \phi_k(\vec{r})$，可得

$$<h> = \int_\tau \overline{\Psi} A \Psi d\tau = \int_\tau \overline{\Psi} i\hbar \frac{\partial}{\partial t} \Psi d\tau = \sum_{k=1}^{n} |c_k|^2 E_k \tag{A25}$$

所以$<h>$是實數，表示H為厄密算符。

(3) 期望值對時間的變化率：

知道厄密算符的意義，可以計算期望值對時間的變化率。由(A14)式，可見

$$\frac{d}{dt}\langle a \rangle = \int_\tau \left(\frac{\partial \overline{\Psi}}{\partial t} A\Psi + \overline{\Psi} \frac{\partial A}{\partial t} \Psi + \overline{\Psi} A \frac{\partial \Psi}{\partial t} \right) d\tau$$

式中右端括弧內的第二項，就代表 $\frac{\partial A}{\partial t}$ 的期望值，$\langle\frac{\partial A}{\partial t}\rangle$。第一和第三項之 $\frac{\partial\Psi}{\partial t}$ 可用 $-\frac{i}{h}H\Psi$ 取代。由於H具有厄密性，故 $\overline{H\Psi}=\overline{\Psi}H$，所以

$$\frac{d}{dt}\langle a\rangle=\langle\frac{\partial A}{\partial t}\rangle+\frac{i}{h}\langle HA-AH\rangle \qquad (A26)$$

這是期望值對時間之變化率的公式。

在一度空間中，令 $A=x$，代入(A26)式，且以x代 $\vec{r}$，dx代 $d\tau$，可算出

$$\frac{d}{dt}\langle x\rangle=\frac{\langle p_x\rangle}{m} \qquad (A27)$$

令 $A=-i\hbar\frac{d}{dx}$，代入(A26)式，則可算出

$$\frac{d}{dt}\langle p_x\rangle=\langle-\frac{dV}{dx}\rangle \qquad (A28)$$

傳統的牛頓力學裡，正有形同(A27)和(A28)的關係式，只是量子力學以期望值的形式表出而已。(A28)式右端的V是位能。

從(A26)式可以推斷：當A為任何與H有對易關係(HA＝AH)，而且不是時間t的函數時，可見

$$\frac{d}{dt}\langle a\rangle=0 \qquad (A29)$$

凡合於這種條件的可觀察物理量，通稱為動態系統的運動常數（constant of motion）。例如A為漢彌頓算符H或者一個任意常數c，那麼對應於算符H的能量h和c都是動態系統的運動常數。

七、測不準原理

　　現在就一個比較簡單的情況，來說明測不準原理關係式的算法。沿x軸運動的質點，對於原點的距離x之期望值為$\langle x \rangle$，而其動量p_x之期望值為$\langle p_x \rangle$。現在定x與p_x對於各自的期望值之均方偏差（mean-square deviation）的期望值依次為

$$\langle \Delta x^2 \rangle = \int_{-\infty}^{\infty} \overline{\Psi}(x - \langle x \rangle)^2 \Psi dx$$

$$\langle \Delta p_x^2 \rangle = \int_{-\infty}^{\infty} \overline{\Psi} \left(-i\hbar \frac{d}{dx} - \langle p_x \rangle \right)^2 \Psi dx$$

今取特殊的情況$\langle x \rangle = \langle p_x \rangle = 0$，然後將二式兩端相乘，得

$$\langle \Delta x^2 \rangle \langle \Delta p_x^2 \rangle = -\hbar^2 \int_{-\infty}^{\infty} \overline{\Psi} \frac{d^2}{dx^2} \Psi dx \int_{-\infty}^{\infty} \overline{\Psi} x^2 \Psi dx$$

把式中右端的前一積分施以部分積分，得

$$\int_{-\infty}^{\infty} \overline{\Psi} \frac{d^2}{dx^2} \Psi dx = \overline{\Psi} \frac{d\Psi}{dx} \Big|_{-\infty}^{\infty} - \int_{-\infty}^{\infty} \frac{d\overline{\Psi}}{dx} \frac{d\Psi}{dx} dx$$

由於Ψ和$\frac{d\Psi}{dx}$都視為品性良好的（well-behaved）函數，所以在上下限$\pm\infty$點，它們的乘積必等於0，因此

$$\langle \Delta x^2 \rangle \langle \Delta p_x^2 \rangle = \hbar^2 \int_{-\infty}^{\infty} \frac{d\overline{\Psi}}{dx} \frac{d\Psi}{dx} dx \int_{-\infty}^{\infty} \overline{\Psi} x \cdot x \Psi dx$$

我們知道：在一般向量分析中，二向量 $\vec{a}$ 和 $\vec{b}$ 之間常有 $|\vec{a}|^2 |\vec{b}|^2 \geq |\vec{a}\cdot\vec{b}|^2$ 的關係，這叫做史瓦茲不等式（Schwartz inequality）。而在希伯特空間中，史瓦茲不等式會變成

$$\int_\tau \bar{f}f d\tau \int_\tau \bar{g}g d\tau \geq \left[\int_\tau \frac{1}{2}(\bar{g}f+\bar{f}g)d\tau\right]^2$$

依照這種關係，把 f 代以 $\frac{d\Psi}{dx}$，g 代以 Ψx，可見

$$\langle\Delta x^2\rangle\langle\Delta p_x{}^2\rangle \geq \frac{1}{4}\hbar^2\left[\int_{-\infty}^{\infty}(x\overline{\Psi}\frac{d\Psi}{dx}+x\Psi\frac{d\overline{\Psi}}{dx}\right]^2$$

$$=\frac{1}{4}\hbar^2\left[\int_{-\infty}^{\infty}x\frac{d}{dx}(\Psi\overline{\Psi})dx\right]^2$$

$$=\frac{1}{4}\hbar^2\left[x\Psi\overline{\Psi}\Big|_{-\infty}^{\infty}-\int_{-\infty}^{\infty}\overline{\Psi}\Psi dx\right]^2$$

$$=\frac{1}{4}\hbar^2$$

因為 $\Psi(\pm\infty)=0$，而 $\overline{\Psi}\Psi$ 是機率密度，其總值等於 1。

若把 x 的誤差定為 $\Delta x=\langle\Delta x^2\rangle^{\frac{1}{2}}$，$p_x$ 的誤差定為 $\langle\Delta p_x^2\rangle^{\frac{1}{2}}$，於是有

$$\Delta x\Delta p_x\geq \frac{1}{2}\hbar$$

這就是在取 $\langle x\rangle=\langle p_x\rangle=0$ 的前提下，計算出來的測不準關係。若令代表座標的算符為 R，動量的算符為 P，且對應的期望值 $\langle r\rangle$ 和 $\langle p\rangle$ 都不為 0，而且 $[R,P]=i\hbar$，照樣可算出 $\Delta r\Delta p\geq\frac{1}{2}\hbar$ 的關係式。只是步驟較為繁複而已。

八、結語

　　以上各節簡單地說明量子力學的初步概念，所有代表物理量的算符都在座標空間中。討論的範圍只包括質點的座標、動量、能量、期望值、電流密度、測不準原理和運動常數等。所以說本附錄只是一種量子力學初步概念的介紹，核心部份是一個質點的薛丁格方程式。

　　用量子力學處理超導體，是屬於多質點（multiparticle）問題。多質點分為玻斯子（自旋量子數是0, 1, 2, 3, …）和費米子（自旋量子數是 $\frac{1}{2}$，$\frac{3}{2}$，$\frac{5}{2}$，…）兩類。對於前者每一個量子態可以容納的玻斯子數目沒有限制；而對於後者每一個量子態至多只能容納一個費米子。還有，描述多個玻斯子的波函數 f_S 具有對稱性（symmetry）；描述多個費米子的波函數 f_A 具有反對稱性（antisymmetry）。這就是說：把 f_S 中兩個玻斯子的座標或量子數互換時，f_S 不變；但把 f_A 中二費米子的座標或量子數互換時，將使 $\pm f_A$ 變為 $\mp f_A$。另外，若令二費米子的座標或量子數相等，則其波函數 f_A 恆為0。這表示二費米子不可能佔據相同的位置（互斥原理）。

　　因為此類問題涉及的數學演算比較繁瑣，超出本書要表述的水平，所以從略。

附錄B：
各篇的註解

註1：另有一種說法，沒提到邀請外賓參觀，只說翁尼斯和他的助手們從清晨五時忙到晚上七時。此刻化學系恰有一人從門前經過，好奇地走進翁的實驗室想看看實驗進展的情形。翁尼斯等人看見溫度計指針停住不動，並沒有發現液態氦，以為實驗失敗了。這位化學系的客人說：你們應該從下方去照明裝盛液氦的容器，才看得見。這麼一來，果然發現已經造出液態氦。

這個小故事讓我們知道歷史真相保持的不易。

註1：一般橢圓體的去磁因數為三個對稱軸a、b、c的函數。當 $a \neq b = c$ 時（參看圖K），去磁因數可簡化為

$$n(e) = (e^{-2} - 1)\{(1/2e)\ln[(1+e)/(1-e)] - 1\}$$

e為橢圓的離心率，即 $e = (1 - b^2/a^2)^{1/2}$。因a與b的長短不同，橢圓體可變為圓球、圓柱和圓盤。對於圓球，$a \to b$，$e \to 0$，$n(e) \to 1/3$；對於圓柱，$a \gg b$，$e \to 1$，$n(e) \to 0$；對於橢圓盤，$a \ll b$，$n(e) \to 1$。

因為三個軸向的去磁因數之和恆為1，即$n_a + n_b + n_c = 1$。對於圓柱，因$n(e) = n_a = 0$，故有$n_b = n_c = 1/2$。這是當H_a的方向和圓柱中心軸垂直時之去磁因數。當$a \ll b$時，橢圓體幾近一個圓盤或平板。磁場和板面垂直的去磁因數$n(e) = n_a = 1$，這表示對應於磁場和板面平行的去磁因數為$n_b = n_c = 0$。

第三篇

註1：超導體的吉勃斯自由能

$$G = U - ST + pV - \mu_0 H_a M$$

依照吉勃斯自由能的定義，p與T是常數。又因超導體為固體，故V也是常數。將上式微分，得

$$dG = dU - TdS - \mu_0 H_a dM - \mu_0 M dH_a$$

式之右端的前三項可寫成$dU - dQ - dW = 0$（熱力學第一定律）。（因為根據熵的定義，且T為常數，所以$dQ = TdS$；而$dW = \mu_0 H_a dM$是增加磁化所做的功）所以

$$dG = -\mu_0 M dH_a = \mu_0 H_a dH_a \qquad (\because M = -H_a)$$

從$H_a = 0$到$H_a = H_c$積分上式，對應的超導體的自由能必由$G_s(0,T)$到$G_s(H_c,T)$，

$$G_s(H_c,T) - G_s(0,T) = \frac{\mu_0}{2} H_c^2(T)$$

但由圖A之平衡條件$G_s(H_c,T) = G_n(H_c,T)$。又因常態金屬沒有磁化，故其自由能幾乎不受磁場影響，所以$G_n(H_c,T) = G_n(0,T)$。於是有

$$G_n(0,T) - G_s(0,T) = \frac{1}{2}\mu_0 H_c^2(T)$$

註2：用1牛頓(N)的力在力的方向移動1米(m)所做的功叫做1焦耳(J)。這和把1公斤(kg)的物體從地面垂直向上提起10公分(cm)所做的功大約相同。另一個微小的單位是電子伏特(eV)。1eV是一個電子的電荷1.602×10^{-19}庫侖(C)跨越1伏特(V)的電壓所需的能量，即1.602×10^{-19}J。本書常會用到J和eV兩種單位。因功和能相當，單位當然相同。

註3：見第五篇註6。

第四篇

註1：這是一個約數。假定導體中原子之間的距離為2Å，那麼$1m^3$中的原子數必為$\frac{1}{(2 \times 10^{-10})^3} = 0.125 \times 10^{30} \sim 10^{29}/m^3$。再令每個原子貢獻1個超導電子，所以總電子數約為$10^{29}/m^3$。

註2：在電磁學裡，電和磁二者扮演頗為對等的角色：利用無向量電勢（electric scalar potential）$V(\vec{r},t)$可以導出電場$\vec{E}$；和這事件對應的是利用磁勢向量（magnetic vector potential）$\vec{A}(\vec{r},t)$能求得磁通密度$\vec{B}$。細節須參看電磁學。

註3：如果令n_s^*為單位體積中電子對的數目，且$|\phi|^2 = n_s^* = \frac{n_s}{2}$，而電子對的質量為$m_e^* = 2m_e$，電荷為$e^* = 2e$，故透入深度$\lambda = \left(\frac{m_e^*}{\mu_0 e^{*2} n_s^*}\right)^{\frac{1}{2}}$和不考慮電子對時的朗登透入深度$\lambda_L = \left(\frac{m_e}{\mu_0 e^2 n_s}\right)^{\frac{1}{2}}$有相同的形式。

註1：因為假定本書的讀者並不知道甚麼是量子力學，所以用附錄A作簡單的介紹。有興趣的讀者，可以參看R. Eisberg 和R. Resnick合著的Quantum Physics of …（John Wiley & sons, 1985）第5，6兩章。

註2：自旋是各種質點的量子特徵。凡自旋量子數為整數（如0，1，2，…）的質點叫做玻斯子（boson），像光子、氦原子(^{4}He)等都是玻斯子。玻斯子佔據相同的量子狀態，沒有互斥問題，而且遵從玻斯－愛因斯坦（Bose-Einstein）分佈函數。自旋量子數為半整數（如$\frac{1}{2}$，$\frac{3}{2}$，…）的質點，叫做費米子（fermion），如電子、質子等都是費米子。費米子要遵從互斥原理，每個都佔據不同的量子狀態，由費米－狄拉克（Fermi-Dirac）分佈函數所支配。參看附錄A第八節。

註3：當質點繞半徑為r的圓周運動時，若切線方向的動量為p，則角動量的大小就是rp，波爾假設rp＝n$\hbar$，再配合狄布勞義的關係式p＝$\frac{h}{\lambda}$，就可得到nλ＝2πr。即繞圓一周恰為n倍波長時，帶電質點就不會產生輻射。

註4：因位能V＝0，故由附錄A中的(A7)式，得

$$-\frac{\hbar^2}{2m_e}\nabla^2\phi＝E\phi$$

此式在正座標之解可以寫成$\phi＝ce^{i\vec{k}\cdot\vec{r}}$，c為常數，$\vec{k}＝\hat{x}k_x＋\hat{y}k_y＋\hat{z}k_z$叫做自由電子的波向量（wave vector）。於是經

(A9)式得到描述金屬中自由電子運動的薛丁格方程式之解為

$$\phi(\vec{r},t) = ce^{i(\vec{k}\cdot\vec{r} - \omega t)}$$

這是電子運動的波函數，表示一個平面波（plane wave）。因此電子在金屬內的行進，要以波動的角度看待它，不可視之為呆板的質點。當然，用一平面波來表示質點的運動，在感覺上好像不是那麼愜意。若細追究，這個問題還和測不準原理相關。這裡我們且不去細說它，我們只要記取質點的運動是一種波動就夠了。

另外，將 $\phi = ce^{i\vec{k}\cdot\vec{r}}$ 代入上面 $-\dfrac{\hbar^2}{2m_e}\nabla^2\phi = E\phi$ 式中，可得自由電子的動能

$$E = \frac{(\hbar\vec{k})^2}{2m_e} = \frac{\vec{p}^2}{2m_e}$$

所以 $\hbar\vec{k}$ 就是電子的動量 $\vec{p}$，二者在正座標中各有三個分量。依照狄布勞義的關係式 $p = \dfrac{h}{\lambda}$，很顯然 p 的三個分量必為 $\hbar k_i = \dfrac{h}{\lambda_i}$，或 $k_i = \dfrac{2\pi}{\lambda_i}$，$\lambda_i$ 為沿 i 軸方向之波長，i＝x，y，z。假定金屬塊是邊常為 l 的正立方體，那麼 $l = n_i\lambda_i$，n_i 為整數，i＝x，y，z。故電子的動能

$$E = E_n = \frac{n^2h^2}{2m_e l^2}$$

式中的 $n^2 = n_x^2 + n_y^2 + n_z^2$。

註5：參看第三篇第6節所舉鋁和汞的例子。

註6：聲子（phonon）的性質可以和光子（photon）的對比。光子（波）是空中的電磁振動，聲子（波）是晶格點陣的振動。光子的頻率為 ν，波長為 λ，波向量為 $k = \dfrac{2\pi}{\lambda}$，則光子的能量為 $h\nu = \hbar\omega$，動量為 $\hbar k$。聲子的頻率為 ν_q，波長為 λ_q，波

向量為q＝2π/λ_q，則聲子的能量為hν_q＝ℏω_q，動量為ℏq。光子的動量和能量是量子化的，聲子的動量和能量也是量子化的。不過空中的光速約為3×10^8m/s；聲速因晶體不同而異，大約可以10^6m/s的倍數計。換言之，金屬晶體中的聲速都是每秒數千公里。

註7：亞伏加厥數$N_A \sim 6 \times 10^{23}$，假定這就是金屬內自由電子的數目。此數的萬分之一會在費米海面附近形成超超導作用的古柏電子對，即$10^{-4} \times 6 \times 10^{23} = 6 \times 10^{19}$個電子。因為金屬的摩爾體積是個已知數，由此可算出每個自由電子所佔的平均體積約為10^{-18}cm^3。由於電子對二個電子之間的距離ξ接近10^{-4}cm，故在以ξ為邊長之正立方體內約有$10^{-12}/10^{-18}$＝10^6個電子會和立方體ξ^{3}之外的另一電子形成古柏對。ξ^{3}名為協合體積（coherence volume）。

註8：簡約漢彌頓算符和基態波函數，常以二次量子化（second quantization）數學方法處理，採用創造算符（creator）和消滅算符（annihilator）為基本運算符號。那是一種美妙的符號代數，對於由玻斯子或費米子形成的多質點系統，有著不同的運算邏輯。這些內容比較艱深些，不在本書水平之內。

註9：請參看註4，在邊長為l的正立方體內，一個量子態的k（波向量）空間體積必為$(\frac{2\pi}{l})^3$。在費米海內，一個半徑為k厚度為dk的球殼中，必可容納$2 \times (4\pi k^2 dk) \div (\frac{2\pi}{l})^3 =$ (Vk^{2}dk)/π^{2}個電子，式前乘2是因一個量子態可容納自旋方向相反的兩個電子，V＝l^3是金屬的體積。但電子的動能E

$=(\hbar k)^2/2m_e$，故$(Vk^2dk)/\pi^2 = VN(k)dk = VN(E)dE$。所以
$$N(E) = 8\sqrt{2}\pi m_e^{3/2}E^{\frac{1}{2}}/h^3$$
是單位金屬體積內，單位能量所容納的電子之量子態數，常簡稱為態之密度（density of states）。以常態金屬鋁為例，其在費米海面的$N(E_F) = 1.5 \times 10^{41}(\text{Jcm}^3)^{-1}$，鈮的$N(E_F) = 4.9 \times 10^{40}(\text{Jcm}^3)^{-1}$。

附帶說明的是：因為在k空間中半徑為k厚度為dk的球殼裡，單位金屬體積內有$\dfrac{k^2dk}{\pi^2}$個電子，故單位金屬體積中的電子總數是$n = \int_0^{k_F}\dfrac{k^2dk}{\pi^2} = \dfrac{k_F^3}{3\pi^2}$。例如鋁的$n = 1.8 \times 10^{23}\text{cm}^{-3}$，鈮的$n = 5.5 \times 10^{22}\text{cm}^{-3}$。

註10：在超導作用下，電子的狀態都是成對的$(\vec{k}_i\uparrow, -\vec{k}_i\downarrow)$。倘使受到外加能量的激發，使得電子對被破壞，以致兩個電子之間的動量不復出現大小相等方向相反的匹配，於是電子對兩個電子之間透過聲子產生的負位能也告消失。因而成為和自由電子（或空子）相似的所謂準質點。

註11：依照BCS的理論，可求得能隙參數$\Delta(T)$與溫度T的關係為
$$1/N(0)V_{int} = \int_0^{\hbar\omega_D}\frac{1}{E}\tanh\left(\frac{E}{2k_BT}\right)d\epsilon$$
式中的$E = [\Delta^2(T) + \epsilon^2]^{1/2}$，$\omega_D$是狄拜角頻率（見圖F下方的說明），$N(0)$是在$E_F$或$\epsilon = 0$處的電子態密度，$V_{int}$是古柏對的兩個電子之間透過虛聲子的交互作用位能。上面的積分式是不可能積得出來的。$\Delta(T)$對溫度T的變化是解不出的隱函數關係，也就是說$\Delta(T)$不可能全程（從T＝0到T＝T_c）用T的簡單函數表出。不過用數值方法計算，可繪出$\Delta(T)$對T的曲線，如圖H所示。

在圖H中曲線的兩個端點$T = 0 (\Delta = \Delta_0)$和$T = T_c(\Delta = 0)$，可分別算出以下二式

$$\Delta_0 = \Delta(0) = 2\hbar\omega_D e^{-1/N(0)V_{int}}$$

$$k_B T_c = 1.13\hbar\omega_D e^{-1/N(0)V_{int}}$$

由此二式，可見Δ_0與T_c的關係為

$$2\Delta_0 \sim 3.54 k_B T_c$$

k_B是波茲曼（Boltzmann）常數，其值為$1.381 \times 10^{-23} J/K$。

註12：並不是所有金屬超導體都有$(M^{\frac{1}{2}}T_c) = $常數的同位素效應。若用$M^\alpha T_c = $常數表示此效應，$\alpha$的數值只在Pb、Hg、Zn等少數金屬接近$\frac{1}{2}$。

第六篇

註1：相角差$\Delta\phi$對於時間的變化率為$\dfrac{d}{dt}\Delta\phi = \dfrac{2eV_a}{\hbar} = \omega_a$

所以$\Delta\phi = \omega_a t + \Delta\phi_0$

若取$\Delta\phi_0 = 0$，便有$\Delta\phi = \omega_a t$

註2：和註1相同，不過電壓增加交流部份$V_m \cos\omega_m t$，所以

$$\dfrac{d}{dt}\Delta\phi = \omega_a + \omega_M \cos\omega_m t$$

式中的$\omega_M = 2eV_m/\hbar$，ω_a同註1。積分上式，得

$$\Delta\phi = \omega_a t + \omega_M/\omega_m \sin\omega_m t + \Delta\phi_0$$

故穿隧電流

$$i(t) = I_c \sin\Delta\phi = I_c \sin\left[(\omega_a t + \Delta\phi_0) + \omega_M/\omega_m \sin\omega_m t\right]$$

利用$\cos(x \sin y)$和$\sin(x \sin y)$都能變成無窮級數的辦法，可以算出通過約瑟夫遜接上的電流

$$i(t) = \sum_{n=1\infty}^{\infty} I_n \sin[(\omega_a - n\omega_m)t + \Delta\phi_0]$$

註3：SQUID的本義是烏賊，取量子干涉器英文名稱Superconducting Quantum Interference Device幾個起首字母組成。還有SLUG（蛞蝓）一字，為Superconducting Low-indUctance Galvanometer 的縮寫，原本表示一種約瑟夫遜接。這些好像是早年流行於英國劍橋大學研究人員間的簡縮名稱，似乎也帶點幽默意味。

註4：例如用直徑為1mm的導線製成面積為1cm^{2}的圓環，則此環的電感L～10^{-8}H（電感的中文單位為亨利，常以H表示）。一般用薄膜技術在基板上製成的干涉器，尺寸很小。例如當導體的寬度只有數μm，而環之直徑為數十μm時，自感的數值約在10^{-13}H到10^{-10}H之間。

註5：參看圖J和圖下的說明。流過圖中左右兩側的超導電流算式分別為

$$\frac{I}{2} - i = i_c \sin\left(-\frac{\Phi_a}{\Phi_0}\pi + \Delta\phi\right) \tag{1}$$

$$\frac{I}{2} + i = i_c \sin\left(\frac{\Phi_a}{\Phi_0}\pi + \Delta\phi\right) \tag{2}$$

由此二式，得量測電流

$$I = 2i_c \cos\left(\frac{\Phi_a}{\Phi_0}\pi\right)\sin\Delta\phi = I_M \sin\Delta\phi \tag{3}$$

式中I_M是干涉器的臨界電流，即

$$I_M = 2i_c \cos\left(\frac{\Phi_a}{\Phi_0}\pi\right) \tag{4}$$

另外，由(1)和(2)式算出感應電流

$$i = i_c \sin\left(\frac{\Phi_a}{\Phi_0}\pi\right)\cos\Delta\phi \tag{5}$$

從(4)、(5)兩式，可見當Φ_a為Φ_0的整數倍時，I_M有最大值$2i_c$，而$i=0$。當Φ_a為Φ_0的半奇數倍時，$I_M=0$，i有最大值i_c $\cos\Delta\phi$。

註1：討論臨界狀態，常用畢安（Bean）模式。在此模式中，由馬克士威爾電磁方程式（用圓柱座標，B在+z軸方向），可知$\mu_0 J_c = \mu_0 J_\theta = -\frac{\partial B}{\partial r}$，若B為r的線性函數，因$F_p = J_c B$，故有$F_p \propto B$，即平衡所需之釘著力與超導體內的磁通密度成正比。在壁厚為d之圓筒內的磁力線，可用畢安模式展示其經由超導體筒壁從筒內爬行到筒外的過程。參看圖O。

註2：安得生（P. W. Anderson）和金（Y. B. Kim）有一渦旋線跳動或蠕動公式

$$f = f_0 e^{-U/k_B T}$$

式中f代表渦旋線的跳動頻率，f_0是一個估計的數目，其值介於$10^5 \sim 10^{11}$Hz之間。設能障$U \sim 0.05$ eV，如f_0為10^8Hz，則

當溫度T＝4K時，$f \sim 10^8 \times e^{-145} \sim 10^{-55}$Hz

但當T＝80K時，$f \sim 10^8 \times e^{-7} \sim 10^5$Hz

所以在低溫下，渦旋線永遠不會跳動或蠕動。但在高溫超導體（T＞77K），渦旋線則肯定不會安靜。

註1：這些符號還有更詳細的表示方法：像BSCCO在n＝1, 2, 3時，可分別寫成Bi2201，Bi2212，Bi2223或2－Bi(n＝1)，2－Bi(n＝2)，2－Bi(n＝3)。但是YBCO常代表Y123。還有Y124和Y247等也都是超導體。

註2：壘晶法是生長單晶體最有效的方法，做出來的晶體品質最佳。此法本為用於製造半導體元件或電路的技術。它的原理是在晶體做成的基板上循基板晶胞選擇的特定方向長出新的晶體。新晶體的生長依照不同的材料可採取汽態、固態、液態三種不同的物相來進行。詳情請參看微電子電路製造技術有關的文獻。

註3：MOCVD是metalorganic chemical vapor deposition方法的縮寫。此法也叫做metalorganic vapor phase epitaxy法，簡寫作MOVPE等。metalorganic（或organometallic）意為金屬的有機化合物，化成汽態之後以化學反應的結果沉積在基板上，並非只把現成分子壘晶到基板表面。而有機成分常變為氣體排出。有時須以成束離子流去輔助沉積分子的置向，此即是IBAD方法。IBAD是ion beam assisted deposition的縮寫。像圖K中的沉積MgO薄層，即以此過程產生。

參考書目

有關超導體的英文書籍很多。英美等國出版的，新舊不下數十冊。下面所列的幾本，都是作者比較常翻閱的。其中最後兩本（9,10）是行家寫的通俗（科普）讀物，熟悉英文的讀者，可以參閱。

1. A. C. Rose-Innes and E. H. Rhoderick：Introduction to Superconductivity, 2nd ed. Pergamon, Oxford（1978）.
2. T. Van Duzer and C. W. Turner：Principles of Superconductive Devices and Circuits, Elsevier North-Holland, Amsterdam（1981）.
3. V. Z. Kresin and S. A. Wolf：Fundamentals of Superconductivity, Plenum Press, New York（1990）.
4. M. Cyrot and D. Pavuna：Introduction to Superconductivity and High-T_c Materials, World Scientific, Singapore（1992）.
5. M. Tinkham：Introduction to Superconductivity, 2nd ed. Dover, New York（1996）.
6. G. Burns：High-Temperature Superconductivity：An Introduction, Academic Press, San Diego（1992）.
7. J. F. Annett：Superconductivity, Superfluids and Condensates, Oxford University Press, New York（2004）.

8. G. Deutscher：New Superconductors from Granular to High-T_c , World Scientific, Singapore（2006）.

9. V. L. Ginzburg and E. A. Andryushin：Superconductivity, World Scientific, Singapore（2004）.

10. P. J. Ford and G. A. Saunders：The Rise of the Superconductors，CRC Press, Florida（2005）.

Do科學2　PB0016

漫說超導體

作　　者／孫又予
責任編輯／蔡曉雯
圖文排版／賴英珍
封面設計／秦禎翊

出版策劃／獨立作家
發 行 人／宋政坤
法律顧問／毛國樑　律師
製作發行／秀威資訊科技股份有限公司
　　　　　地址：114 台北市內湖區瑞光路76巷65號1樓
　　　　　電話：+886-2-2796-3638　傳真：+886-2-2796-1377
　　　　　服務信箱：service@showwe.com.tw
展售門市／國家書店【松江門市】
　　　　　地址：104 台北市中山區松江路209號1樓
　　　　　電話：+886-2-2518-0207　傳真：+886-2-2518-0778
網路訂購／秀威網路書店：https://store.showwe.tw
　　　　　國家網路書店：https://www.govbooks.com.tw

出版日期／2013年10月　BOD一版　定價／280元

|獨立|作家|
Independent Author　　　　　　　　　　寫自己的故事，唱自己的歌

漫說超導體 / 孫又予著. -- 臺北市：獨立作家, 2013.10

面；　公分. -- (Do科學；2)

ISBN　978-986-89853-3-9(平裝)

1. 超導體

337.473　　　　　　　　　　　　102016349

國家圖書館出版品預行編目

讀 者 回 函 卡

感謝您購買本書，為提升服務品質，請填妥以下資料，將讀者回函卡直接寄
回或傳真本公司，收到您的寶貴意見後，我們會收藏記錄及檢討，謝謝！
如您需要了解本公司最新出版書目、購書優惠或企劃活動，歡迎您上網查詢
或下載相關資料：http:// www.showwe.com.tw

您購買的書名：_____

出生日期：_____年_____月_____日

學歷：□高中 (含) 以下　　□大專　　□研究所 (含) 以上

職業：□製造業　□金融業　□資訊業　□軍警　□傳播業　□自由業
　　　□服務業　□公務員　□教職　　□學生　□家管　　□其它_____

購書地點：□網路書店　□實體書店　□書展　□郵購　□贈閱　□其他

您從何得知本書的消息？

　□網路書店　□實體書店　□網路搜尋　□電子報　□書訊　□雜誌

　□傳播媒體　□親友推薦　□網站推薦　□部落格　□其他_____

您對本書的評價：(請填代號　1.非常滿意　2.滿意　3.尚可　4.再改進)

　封面設計____　版面編排____　內容____　文／譯筆____　價格____

讀完書後您覺得：

　□很有收穫　□有收穫　□收穫不多　□沒收穫

對我們的建議：_____

_____

_____

_____

11466
台北市內湖區瑞光路 76 巷 65 號 1 樓
獨立作家讀者服務部　　　收

....

（請沿線對折寄回，謝謝！）

姓　　名：_____　年齡：_____　性別：□女　□男

郵遞區號：□□□□□

地　　址：_____

聯絡電話：(日)_____ (夜)_____

E-mail：_____